名校名师精品系列教材

Node.js Application Development
Project-based Tutorial

Node.js
应用开发项目化教程

慕课版

唐小燕 鲁大林｜主编
虞菊花 殷兆燕｜副主编

人民邮电出版社

北 京

图书在版编目（CIP）数据

Node.js应用开发项目化教程：慕课版 / 唐小燕，
鲁大林主编. -- 北京：人民邮电出版社，2024.11
名校名师精品系列教材
ISBN 978-7-115-64138-0

Ⅰ．①N… Ⅱ．①唐… ②鲁… Ⅲ．①JAVA语言—程序
设计—教材 Ⅳ．①TP312.8

中国国家版本馆CIP数据核字(2024)第067966号

内 容 提 要

本书围绕软件行业相关岗位的实际需求，采用校企合作的方式设计教材案例，推进"岗课赛证"协同育人，以培养实践能力为重点，较为全面地介绍 Node.js 应用开发中涉及的基础知识和核心技术，以一个企业门户网站及其商品管理系统的设计与实现为主线贯穿知识讲解和综合实践，着重介绍 Express+MySQL 项目开发的基本思路和核心要点。本书采用项目驱动、任务导向的理念设计并组织内容，以工作任务为基本单元进行项目分解，项目整体实用性和可操作性强，可帮助读者学以致用。

本书共 8 个单元，主要包括 Node.js 认知、Node.js 模块化编程、Node.js 文件系统操作、构建 Web 应用、数据库应用开发、Express 框架开发、综合项目——商品管理系统和 Node.js 项目部署，涉及 Web 应用开发中主要的知识和技能。每个单元包括若干个任务，任务以"任务描述—支撑知识—任务实现"为框架进行讲解，循序渐进地展示项目实现全过程。

本书联合具有丰富开发经验的企业工程师一起精心设计案例，突出实用性、趣味性。本书内容由简单到复杂，面向 Web 前端开发、网页设计等岗位，可作为高校计算机相关专业的教材，也适合作为计算机培训教材，还适合作为计算机相关技术爱好者的自学参考书。

◆ 主　　编　唐小燕　鲁大林

　　副 主 编　虞菊花　殷兆燕

　　责任编辑　刘　佳

　　责任印制　王　郁　焦志炜

◆ 人民邮电出版社出版发行　　北京市丰台区成寿寺路 11 号

　　邮编　100164　　电子邮件　315@ptpress.com.cn

　　网址　https://www.ptpress.com.cn

　　保定市中画美凯印刷有限公司印刷

◆ 开本：787×1092　1/16

　　印张：16　　　　　　　　　　　2024 年 11 月第 1 版

　　字数：380 千字　　　　　　　　2024 年 11 月河北第 1 次印刷

定价：59.80 元

读者服务热线：(010)81055256　印装质量热线：(010)81055316
反盗版热线：(010)81055315
广告经营许可证：京东市监广登字 20170147 号

 前　言

党的二十大报告明确指出"推动战略性新兴产业融合集群发展，构建新一代信息技术、人工智能、生物技术、新能源、新材料、高端装备、绿色环保等一批新的增长引擎"。

新一代信息技术产业对经济社会高质量发展的赋能作用更加凸显。软件是新一代信息技术的灵魂，是数字经济发展的基础，是推动产业高质量发展的新动能。

本书旨在落实国家软件发展战略，深化产教融合，协同推动软件行业创新与发展，赋能经济社会和现代职业教育高质量发展；对接软件工程领域当前的新技术、新业态、新模式、新要求。本书通过真实企业的软件系统的开发流程和实现过程，培养读者在企业真实项目环境下进行数据库设计、软件设计和开发、软件部署测试等方面的能力，同时培养读者探究学习、终身学习和可持续发展的能力。

本书打破常规教材的知识组织形式，以培养实践能力为重点。基于一个企业门户网站及其商品管理系统，在基础知识部分，不断拓展模块化开发的思路、Web 应用开发中数据处理方法、前后端数据的交互过程；在 Express 框架开发部分，以实际工作过程中的任务为主线，重点强调框架开发的思维方式、模板引擎的快捷使用、路由的高效配置等技能点。读者通过本书可以快速掌握 Node.js 的开发流程和方法，能够运用 Express 框架完成一个完整的 Web 项目开发过程。本书的主要特点如下。

1. 项目驱动、任务贯穿

本书简化了冗余、难懂的理论内容，分任务进行案例讲解，方便读者快速上手。从任务描述、支撑知识、任务实现 3 个部分引领读者进行实践训练，强调 Web 应用开发的编程能力培养，体现职业性特点。

2. 强调素质、知行合一

本书坚持以落实立德树人为根本任务，遵循高职学生认知规律，校企合作开发资源，确保内容的前瞻性和案例的实用性。在任务实现过程中引导读者理解爱岗敬业、精益求精等工匠精神的基本内涵；引导读者遵守软件开发的专业规范；引领读者加强实践，以达到知行合一，促进素质的全面提升。

3. 资源丰富、立体教学

本书是"双高计划"建设项目中软件技术专业群建设成果之一，依托江苏省首批职业教育在线精品课程网站，配备了丰富的立体化教学资源。附录中整理了本书所用的静态页面模板和 JavaScript 语法摘要等，方便读者查阅复习。

本书适合以下类型读者。

1. 本科和高职院校计算机相关专业的学生。

2. 具有一定静态网页开发基础，需要进一步了解和掌握动态网页开发的人员。

3. 具有其他 Web 编程语言开发经验，想快速学习 Node.js 框架开发的人员。

本书的编写和整理工作主要由常州信息职业技术学院完成。本书得到江苏高校"青蓝工程"资助，主要参与人员有唐小燕、鲁大林、虞菊花、殷兆燕、郭明、管文强、李娜、罗大晖。同时感谢江苏大备智能科技有限公司的技术支持。

由于编者水平有限，书中难免存在疏漏和不足之处，敬请读者批评指正。

编　者

2024 年 3 月

目　录

单元 ① Node.js 认知

本单元主要介绍 Node.js 的一些基本概念和编程环境的搭建。通过对本单元的学习，读者可对 Node.js 有基本认识，并掌握简单程序的编写与运行操作。

1. 知识目标

（1）了解 Node.js 的基本概念、主要特点和应用场景。
（2）了解 Node.js 与 JavaScript 的区别。
（3）掌握 Node.js 运行环境的搭建和开发环境的部署方法。
（4）掌握模板字符串和变量解构赋值的使用方法。
（5）掌握 Node.js 控制台 console 对象的常用方法。

2. 能力目标

（1）能够理解 Node.js 的主要特点与应用场景。
（2）能够搭建 Node.js 运行环境。
（3）能够实现简单 Node.js 代码的编写与运行。

3. 素养目标

（1）培养读者关注计算机编程语言发展情况并进行对比思考的意识。
（2）培养读者运用网络资源解决环境搭建过程中所遇问题的自学能力。
（3）培养读者 Web 应用开发场景下的数据处理能力。
（4）培养读者精益求精、注重细节的编程习惯。

任务 1　搭建 Node.js 开发环境

1.1　任务描述

了解 Node.js 的主要特点与应用场景，学会搭建 Node.js 代码编辑与运行环境，主要包含 Node.js 基础运行环境和代码编辑软件的安装与插件下载。

1.2　支撑知识

随着万维网（World Wide Web，WWW，简称 Web）全栈开发技术的不断推广和日益盛行，Node.js 逐渐成为非常流行的开发工具，也是有史以来发展最快的开发工具之一，主要用于搭建响应速度快、易于扩展的网络应用程序。相较于传统的 JSP、ASP.NET 和 PHP 而言，Node.js 的出现给 Web 应用开发带来了新的活力。

1.2.1 Node.js 简介

Node.js 是一个基于 Chrome V8 引擎的 JavaScript 运行环境，是一个为实时 Web 应用开发而诞生的平台。简单来说，Node.js 是一个可以让 JavaScript 运行在服务器端的平台，是 JavaScript 语言的服务器运行环境。

Node.js 基于 JavaScript 语法进行开发，学习成本低，允许在后端（脱离浏览器环境）运行 JavaScript 代码，具有超强的高并发能力，拥有文件操作、网络操作、进程操作、高性能服务器实现等功能。

Node.js 与 JavaScript 的区别在于：浏览器端的 JavaScript 受制于浏览器提供的接口，功能非常受限；但 Node.js 完全不受浏览器端的限制，而且由于底层使用性能超高的 V8 引擎来解析、执行，加上支持异步输入输出（Input/Output，I/O）机制，让实现高性能的 Web 服务器变得轻而易举。

1. Node.js 主要特点

（1）依托 V8 引擎

Node.js 内部采用 Google 公司开发的 V8 引擎作为 JavaScript 语言解释器。V8 在运行之前将 JavaScript 代码编译成了机器代码，以此提升性能。Node.js 由于底层使用性能超高的 V8 引擎来解析、执行，所以执行效率非常高。首先，V8 引擎解析 JavaScript 代码。然后，调用 Node 应用程序接口（Application Program Interface，API），libuv 库负责 Node API 的执行，它将不同的任务分配给不同的线程，形成一个事件循环（Event Loop），以异步的方式将任务的执行结果返回给 V8 引擎。最后，V8 引擎将结果返回给用户。Node.js 体系结构如图 1-1 所示。

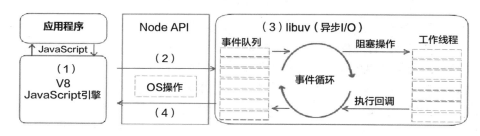

图 1-1　Node.js 体系结构

（2）事件驱动

Node.js 通过事件驱动的方式处理请求。当用户执行一项操作（如按下鼠标、敲下键盘）或者系统收到一个请求时，Node.js 会驱动程序的执行。在事件驱动模型中，会生成一个主循环来监听事件，当收到新的请求时，Node.js 会将该请求插入到事件队列中。当检测到事件发生时会触发对应的代码，如执行文件系统、数据库、运算等密集操作。当请求执行完成时，Node.js 就会触发回调，将请求处理结果返回用户，如图 1-2 所示。事件驱动的优势在于能充分利用系统资源，执行代码时不会阻塞，非常适合后端网络服务编程。通过事件注册、异步函数，可以提高资源的利用率，从而提高性能。

（3）异步 I/O

Node.js 充分考虑了在实时响应、超大规模数据要求下架构的可扩展性，摒弃了传统平台依靠多线程来实现高并发的设计思路，而采用了单线程、异步 I/O 的程序设计模式。Node.js

以并发的方式读取数据，进行 I/O 操作时，程序不会等待，而是继续执行后面的程序，将 I/O 操作交给回调函数处理，这样就避免了等待，不阻塞程序流程，提高了程序的执行效率。

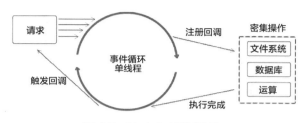

图 1-2　Node.js 事件循环

（4）单线程

每个 Node.js 进程只有一个主线程在执行程序代码，形成一个执行上下文栈（Execution Context Stack）。主线程之外，Node.js 还维护一个事件队列（Event Queue）。当接收到用户的网络请求或者其他异步操作时，Node.js 会把它放到事件队列中，此时并不会立即执行它，代码也不会被阻塞，继续往下走，直到主线程代码执行完毕。主线程代码执行完毕后，通过事件循环机制，Node.js 开始到事件队列的开头取出第一个事件，从线程池中分配一个线程去执行这个事件，接下来取出第二个事件，再从线程池中分配一个线程去执行，依次执行，直到事件队列中所有事件都执行完毕。当所有事件执行完毕后，Node.js 会通知主线程，主线程执行回调，将线程归还给线程池，如图 1-3 所示。

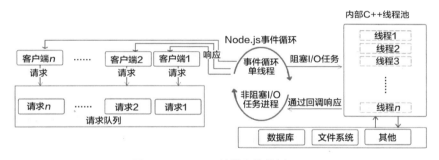

图 1-3　Node.js 单线程执行过程

单线程可避免多线程带来的死锁问题，能减少多线程上下文通信带来的性能开销，使得 Node.js 保持轻量、高效，这也是"Node.js 之父"瑞安·达尔（Ryan Dahl）的设计初衷。

2. Node.js 发展历程

Node.js 的发展历史不如 Python、Ruby、PHP 等久远，但是它开发周期短、开发成本低、学习成本低，是有史以来发展最快的开发工具之一。

2009 年 5 月，瑞安·达尔正式在 GitHub 上发布 Node.js 的最初版本。瑞安·达尔是一位专注于实现高性能 Web 服务器的优化专家。他将 Chrome 浏览器的 V8 引擎单独移植出来，为其上层的 JavaScript 提供友好 API 供开发人员使用，并且完全开源、免费。

2009 年 10 月，Node.js 的核心用户伊萨克·施吕特（Isaac Schlueter）首次提出了 Node.js 包管理器（Node Package Manager，NPM），2010 年 1 月 NPM 诞生。

2010 年 3 月，Express.js 问世。2011 年 7 月，Node.js 在微软的赞助下发布了 Windows 版本。

2012 年 6 月，Node.js 0.8.0 稳定版发布。2013 年 12 月，著名的 Koa 框架发布。2015 年初，Node.js 基金会（包括 IBM、Intel、微软、Joyent）成立。2016 年 10 月，Node.js v6.0.0 成为 LTS（Long Term Support）长期支持版本。2017 年，Node.js v8.0.0.0 发布。2018 年，"8.x 时代"落幕，进入"10.x 时代"。

2019 年，Node.js 增强了实验性的 ES Module 支持，并伴随着 V8 引擎版本升级以及 ES（ECMAScript）特性支持，进入"12.x 时代"。

2020 年，用户从 NodeSource（NodeSource 是一个公司，聚焦于提供企业级的 Node.js 支持，提供很多 Node.js 版本）下载 Node.js 的次数接近 1 亿次，这是 Node.js 发展历程中的一个里程碑。

2021 年，Node.js 16.0.0 发布，该版本提供了 V8 引擎升级、安全增强引入、动态导入支持等新特性。

2022 年 4 月，Node.js 18.0.0 发布，该版本将 V8 JavaScript 引擎更新到 10.1 版本并默认启用全局 Fetch API 以及核心测试运行器模块。

2022 年 10 月，Node.js 19.0.0 发布，该版本将 V8 JavaScript 引擎更新到 10.7 版本并默认启用 HTTP (s)/1.1 持久连接（Keep-alive）。

2023 年 4 月，Node.js 20.0.0 发布，该版本提供全新的 Node.js 权限模型、稳定的测试运行器等，并将 V8 JavaScript 引擎更新到 11.3 版本。Node.js 20.0.0 在 2023 年 10 月变为长期支持版本。

2023 年 12 月，Node.js 21.0.0 正式发布，该版本变为长期支持版本。

1.2.2　Node.js 应用场景

Node.js 主要的特点就是采用了异步 I/O 与事件驱动的架构设计，既可以实现文件操作程序，也可以创建大规模的 Web 应用程序，还适用于多人游戏、实时系统、联网软件和具有高并发的应用程序。

1.　RESTful API

按照 RESTful 接口设计规范开发应用程序接口（Application Programming Interface，API）是 Node.js 目前主流的应用场景，此类 API 使用 HTTP 请求访问或使用接口返回的数据。由于请求数据不包含太多业务逻辑，响应传送的是少量文本，所以所用流量不高，一个应用程序可以同时处理上万条接口请求。

2.　实时 WebSocket 应用

实时 WebSocket 应用拥有大量用户同时在线，用户互相收发数据，但几乎不需要对数据进行处理，Node.js 只需要接收数据然后转发。

3.　其他应用开发

Node.js 有着强大而灵活的 NPM，目前已经有上万个第三方包，其中有网站开发框架，有 MySQL 等数据库接口，有模板语言解析工具、串联样式表（Cascading Style Sheets，CSS）生成工具等，甚至还有图形用户界面和操作系统 API 工具。

近几年来，随着 Node.js 的发展，越来越多的开发人员选择使用 Node.js 构建 Web 应用。Node.js 的超文本传送协议（Hypertext Transfer Protocol，HTTP）类库可以快速构建 Web 服务器，向用户提供服务。与 PHP、Python、Ruby on Rails 相比，它跳过了 Apache、Nginx 等 Web 服务器，直接面向前端开发。

Node.js 被国内的开发爱好者所追捧，Node.js 中文官网提供丰富的文档资料，CNode 社区致力于 Node.js 技术的研究、交流。淘宝、网易、百度等有很多项目运行在 Node.js 之上。阿里云的云平台率先支持 Node.js 的开发，淘宝也为 Node.js 搭建了国内的 NPM 镜像服务器，方便国内开发者下载各种第三方包。

1.2.3　Node.js 开发环境

微课视频

Node.js 环境安装

前端的 JavaScript 代码都是在浏览器中运行的，而服务器端的 JavaScript 代码是在 Node.js 环境中运行的。为了能够在计算机中运行使用 JavaScript 语言编写的 Node.js 程序，用户需要到官方网站根据自己的操作系统下载相应的 Node.js 安装文件并进行安装。

此外，还需要使用代码编辑器来编写代码。为了衔接工业和信息化部"Web 前端开发" 1+X 职业技能等级证书考试，本书使用 HBuilder 进行代码编写。HBuilder 是 DCloud 推出的一款支持 HTML5 的 Web 集成开发环境（Integrated Development Environment，IDE）。HBuilder 通过完整的语法提示、代码输入法、代码块及很多配套功能，能大幅提升超文本标记语言（Hypertext Markup Language，HTML）、JavaScript 和 CSS 的开发效率。除此之外，VS Code、Sublime Text、WebStorm 也可以用来编写 Node.js 代码。

1.3　任务实现

根据任务描述，搭建 Node.js 开发环境，需要 3 步：

第一步，下载 Node.js 安装包；

第二步，安装 Node.js；

第三步，下载代码编辑器 HBuilder 及其插件 nodeclipse。

1.3.1　下载 Node.js

Node.js 安装包及源码可在其英文官网下载。在 Node.js 中文官网也可以下载 Node.js 安装包和 API 文档。对于 64 位 Windows 操作系统，用户可以下载 64 位安装包，如图 1-4 所示。用户可以根据当前所使用的计算机环境选择下载相应的 Node.js 版本。

图 1-4　从 Node.js 官网下载安装包

1.3.2 安装 Node.js

以 node-v18.14.0-x64 的安装为例，双击该安装包，并按照安装提示采用默认设置安装即可。安装过程如下，单击"Next"按钮，如图 1-5 所示。勾选复选框，接受安装协议，然后单击"Next"按钮，如图 1-6 所示。

图 1-5　Node.js 安装

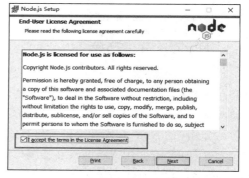

图 1-6　Node.js 安装协议

设置安装路径，然后单击"Next"按钮，如图 1-7 所示。

单击"Next"按钮，进入下一步，如图 1-8 所示。

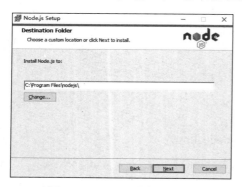

图 1-7　Node.js 安装路径

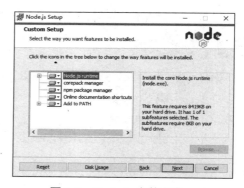

图 1-8　Node.js 安装内容

勾选复选框，自动安装必需的一些工具，然后单击"Next"按钮，如图 1-9 所示。

单击"Install"按钮进行安装，如图 1-10 所示。

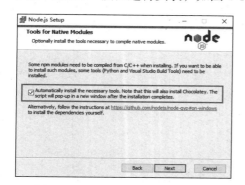

图 1-9　Node.js 安装必需的工具

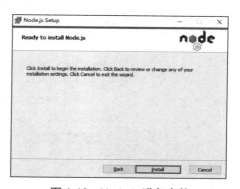

图 1-10　Node.js 准备安装

界面会显示安装进度条，如图 1-11 所示，等待安装完成。

进度条到达 100%后，单击"Finish"按钮，如图 1-12 所示，Node.js 运行环境就安装完成了。

图 1-11　Node.js 安装进度

图 1-12　Node.js 安装完成

按"Win+R"组合键，打开"运行"对话框，输入 cmd，然后按"Enter"键，打开 CMD 窗口，输入 **node –v** 并按"Enter"键，若能显示当前 Node.js 的版本号，说明 Node.js 安装成功，如图 1-13 所示。

图 1-13　Node.js 安装测试

1.3.3　下载代码编辑器 HBuilder 及其插件 nodeclipse

登录 HBuilder 官网，单击 HBuilderX 极客开发工具图标，然后根据自己的计算机系统选择合适的版本。下载好后，解压安装包并打开 HBuilder 的可执行文件，HBuilder 就可以运行使用了。

具体步骤：打开官网进入 HBuilderX 的下载页面，如图 1-14 所示。单击"历史版本"进入历史版本页面。

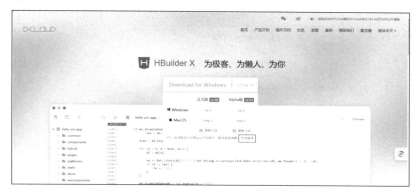

图 1-14　下载页面

根据所使用的操作系统，选择对应版本的 HBuilder，如图 1-15 所示。

图 1-15　历史版本页面

为了能够在 HBuilder 中运行 Node.js 程序，需要安装插件 nodeclipse，安装过程如下。打开 HBuilder，选择"工具"菜单下的"插件安装"，如图 1-16 所示。

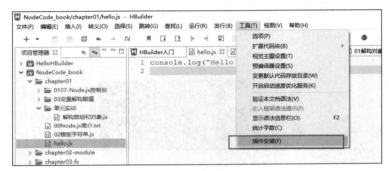

图 1-16　选择"插件安装"

勾选 nodeclipse 插件，单击"安装"按钮，如图 1-17 所示。

图 1-17　勾选 nodeclipse 插件

等待安装完成，如图 1-18 所示。

图 1-18　插件安装

然后重启 HBuilder，nodeclipse 即可生效，如图 1-19 所示。

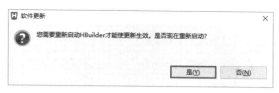

图 1-19　重启对话框

此时，插件安装完成，接下来就能在 HBuilder 中运行 Node.js 程序了。

任务 2　运行一个 Node.js 程序

1.4　任务描述

新建一个 Node.js 程序，将其命名为"hello.js"，编写代码，在 CMD 窗口中运行该程序，输出"Hello world!"，运行效果如图 1-20 所示。

图 1-20　在 CMD 窗口中运行 JS 文件

1.5　支撑知识

Node.js 是运行在服务端的 JavaScript，其基于 JavaScript 的语法编写程序，支持 ECMAScript 6（简称 ES6）标准，并且会不断迭代和优化性能。在代码中，一般使用 console 对象的一系列方法进行信息输出。

1.5.1　console 对象

console 对象提供了一个简单的调试控制台，类似于 Web 浏览器提供的

微课视频

console 对象使用

JavaScript 控制台。使用 console 对象的一系列方法可以将调试模式的信息输出到控制台。console 对象的常用方法及功能如表 1-1 所示。

表 1-1　console 对象的常用方法及功能

方法	功能
console.log()	在控制台输出一条信息，常用于调试程序
console.info()	在控制台输出一条信息，是 console.log()方法的别名，两者用法完全一样
console.error()	输出错误信息到控制台
console.warn()	输出警告信息
console.dir()	在控制台输出对象的详细信息，包括对象的属性、方法等
console.table()	以表格形式显示数据
console.time()	定义计时器的起始方法，与 timeEnd()方法联合使用，可计算出一个操作花费的时间
console.timeEnd()	计时结束
console.assert()	相当于一个条件判断，当第一个参数为 false 时，将在控制台输出第二个参数信息

1. console.log()方法

该方法用于在控制台输出普通信息，如单个变量（表达式）、多个变量、换行以及格式化输出，类似于 C 语言里的 printf()。格式化输出时可使用类似 printf()风格的占位符，支持字符串（%s）、整数（%d）、浮点数（%f）和对象（%o）4 种占位符。

【示例 1.1】使用 console.log()输出普通信息。

```
console.log('Web', '应用', '开发');
console.log('Node.js\nWeb Application Development.');    // \n 为换行符
console.log("商品名: %s,价格: %d元",'PC005-3A',100); // %s 表示字符串，%d 表示整数
console.log("商品长度: %fmm",3.35);  // %f 表示浮点数
```

运行结果：

```
Web 应用 开发
Node.js
Web Application Development.
商品名: PC005-3A,价格: 100元
商品长度: 3.35mm
```

【代码分析】

代码中第 1 行以逗号（,）隔开的参数，在输出时以空格连接。第 2 行中，"\n"表示输出一个换行符。第 3 行和第 4 行中，%s、%d、%f 分别表示以字符串、整数、浮点数形式来输出参数。格式化字符及含义如表 1-2 所示。

说明：书中代码加粗部分表示要重点关注。

表 1-2　格式化字符及含义

格式化字符	含义
%s	输出字符串
%d	输出整数
%f	输出浮点数
%o	输出 JavaScript 对象，可以是整数、字符串以及 JSON 数据
%%	输出百分比

2. console.info()方法

console.info()方法用于在控制台输出提示信息。该方法对于开发过程测试很有帮助。

【示例 1.2】使用 console.info()方法输出提示信息。

```
console.info('数据传输成功! ');
var myObj = { publisher : "人民邮电", site : "https://www.ptpress.com.cn" };
console.info(myObj);
var myArr = ["Baidu", "Taobao", "Runoob"];
console.info(myArr);
```

运行结果：

```
数据传输成功!
{ publisher: '人民邮电', site: 'https://www.ptpress.com.cn' }
[ 'Baidu', 'Taobao', 'Runoob' ]
```

【代码分析】

使用 console.info()方法可以输出字符串，也可以输出对象和数组。

3. console.error()方法

console.error()方法用于在控制台输出错误信息。该方法对于开发过程测试也很有帮助。

【示例 1.3】使用 console.error()输出错误信息。

```
console.error('数据格式错误! ');
var myObj = { school : "常州信息职业技术学院", site : "www.ccit.js.cn" };
console.error(myObj);
var myArr = ["PHP", "Node.js", "JSP"];
console.error(myArr);
```

运行结果：

```
数据格式错误!
{ school: '常州信息职业技术学院', site: 'www.ccit.js.cn' }
[ 'PHP', 'Node.js', 'JSP' ]
```

【代码分析】

使用 console.error()方法在控制台输出以上字符串、对象和数组信息。

4. console.warn()方法

console.warn()方法用于在控制台输出警示信息。该方法对于开发过程测试也很有帮助。

在 Node.js 中可以使用 console.warn()方法来代替 console.error()方法，这两个方法的使用方法完全相同。

【示例 1.4】使用 console.warn()方法输出警示信息。

```
console.warn('数据格式错误! ');
```

运行结果：

数据格式错误!

【代码分析】

使用 console.warn()方法在控制台以红色文字形式输出以上字符串信息。

5. console.dir()方法

使用 console.dir()方法可以显示一个对象的所有属性和方法。

【示例 1.5】使用 console.dir()方法输出对象信息。

```
var myObj = { publisher : "人民邮电", site : "https://www.ptpress.com.cn" };
console.dir(myObj);
```

运行结果：

```
{ publisher: '人民邮电', site: 'https://www.ptpress.com.cn' }
```

【代码分析】

使用 console.dir()方法在控制台显示一个对象的所有属性和方法。

6. console.table()方法

console.table()方法用来在控制台输出表格。

【示例 1.6】使用 console.table()方法输出表格。

```
console.table(['PC005-3A','PC008-1 with diode','PC008-3A']);
const p1 = {
    name:"PC005-3A",
    size:"101mm",
    price:108
}
console.table(p1);
```

运行结果：

(index)	Values
0	'PC005-3A'
1	'PC008-1 with diode'
2	'PC008-3A'

(index)	Values
name	'PC005-3A'
size	'101mm'
price	108

【代码分析】

使用 console.table()方法可以在控制台将一个数组或者对象以表格形式输出。将数组转换成表格时，第一列为数组元素的索引值。将对象转换成表格时，第一列为对象的"键"值。

7. console.time()方法和 console. timeEnd()方法

若需要统计某个算法的运行时间，可以使用 console.time()方法和 console.timeEnd()方法，这两个方法都要接收一个字符串作为参数，两个方法的参数要相同，这样才能正确计算出开始与结束之间经过的时间。

【示例 1.7】使用 console.time()方法和 console. timeEnd()方法计时并输出提示信息。

```
console.time("Tag");
var sum=0
for(var i=1;i<=100000;i++){
    sum +=i;
}
console.log(sum);
console.timeEnd("Tag");
```

运行结果：

```
5000050000
Tag: 3.819ms
```

【代码分析】

运行结果第一行为 1～100000 所有整数之和，第二行显示运算所用时间为 3.819ms。

8. console.assert()方法

console.assert()方法在第一个参数值为 false 的情况下会在控制台输出信息。

【示例 1.8】使用 console.assert()方法评估表达式后输出信息。

```
console.assert(12 == 11, "error 12==11");
console.assert(11 == 11, "什么都不做");
```

运行结果：

```
Assertion failed: error 12==11
```

【代码分析】

使用 console.assert()方法对表达式结果进行评估，如果该表达式的执行结果为 false，则输出一个消息字符串并抛出 AssertionError 异常。若返回 true，则该语句什么也不做。

需要说明的是，console.log()方法、console.info()方法、console.error()方法、console.warn()方法和 console.dir()方法的输出结果在 HBuilder 中区别不是特别明显，可以使用浏览器中的控制台来进行调试。

打开 Chrome 浏览器，按"F12"键，在调试窗口选择"console"，输入以下代码。

【示例 1.9】使用浏览器控制台输出消息。

```
console.log('数据传输成功！');
console.info('数据传输成功！');
console.error('数据格式错误！');
console.warn('数据格式错误！');
var myObj = { publisher : "人民邮电", site : "https://www.ptpress.com.cn" };
console.dir(myObj);
```

运行结果：

```
数据传输成功！
数据传输成功！
⊗ ▶数据格式错误！
⚠ ▶数据格式错误！
▼Object 🛈
    publisher: "人民邮电"
    site: "https://www.ptpress.com.cn"
    ▶ __proto__: Object
```

【代码分析】

浏览器窗口的控制台会使用不同颜色的文字和图标，来表示不同方法输出的信息，如果输出的信息是一个对象，展开该对象的数据，用户就可以查看其属性。

1.5.2　模板字符串

模板字符串是 ES6 中新增的字符串语法，它允许在字符串中嵌入表达式和变量，这样可以省去字符串拼接的烦恼，使得代码更加简洁，方便编写、阅读，模板字符串使用反引号（`）来代替普通字符串中的双引号（"）和单引号（'）。在 ES6 之前，如果想要将字符串和一些动态的变量拼接到一起需要添加多个加号（+），非常麻烦。在模板字符串中，通过在反引号内编写${变量}的形式将字符串和动态的变量拼接到一起。

【示例 1.10】使用反引号将变量与其他普通字符串连接起来。

```
let str1 = "Hello "+
    "World!";
console.log(str1);
let str2 = `Hello
World!`;
console.log(str2);  // 模板字符串支持换行，所以可以让代码写得非常美观
let price = 589;
let name = 'PC005-3A';
let str3 = "商品: " +name + ",价格: " + price +"元"; // 使用+拼接，较烦琐，易出错
// 模板字符串里插入变量 `${变量名字}`，这里使用一对反引号``
let str4 = `商品:${name},价格:${price}元`;
console.log(str4);
```

运行结果：

```
Hello World!
Hello
World!
商品:PC005-3A,价格:589元
```

【代码分析】

控制台输出的拼接字符串使用了反引号将字符串和${变量名}包起来，字符串换行和变量都会被保存并输出。

1.5.3　变量解构赋值

JavaScript 中常用的两种数据结构是对象（{键 1:值 1, 键 2:值 2, ..., 键 n:值 n}）和数组（[值 1, 值 2, ……, 值 n]）。对象通过键来存储数据项的单个实体。数组可以将数据收集到一个有序的集合中。当进行 Web 应用开发时，页面需要呈现的数据可能不是整个对象/数组，

可能只需要呈现对象/数组中的一部分。此时需要通过解构赋值将数组或对象"拆包"至一系列变量中。

在 ES6 中允许通过一定的模式，将对象和数组中的内容提取出来，赋值给变量，这个过程称为解构赋值。解构赋值可减少代码量，在一定程度上优化代码。

1. 对象的解构赋值

对象的解构赋值的内部机制，是先找到同名属性，然后赋值给对应的变量。

【示例 1.11】对象的解构赋值。

```
const obj = {
    name:"PC005-3A",
    size:"101mm",
    price:108
}
console.dir(obj);  // 使用 console.dir()输出对象的所有属性和属性值
let name = obj.name;
let size = obj.size;
let price = obj.price;
console.log(name,size,price);
```

运行结果：

```
{ name: 'PC005-3A', size: '101mm', price: 108 }
PC005-3A 101mm 108
```

【代码分析】

将 obj 对象中的 3 个属性分别解构出来赋值给变量，最后在控制台输出变量。

2. 数组的解构赋值

数组的元素是按照次序排列的，变量的取值由它的位置决定。

【示例 1.12】基本数组解构赋值。

```
const pNames = ['PC005-3A','PC008-1 with diode','PC008-3A'];
console.table(pNames); // 将数组或者 JSON 结构的数据通过表格进行展示
var name1 = pNames[0];
var name2 = pNames[1];
var name3 = pNames[2];
console.log(name1,name2,name3);
const pNames2 = ['PC005-3A','PC008-1 with diode','PC008-3A'];
let [B,C,A,D] = pNames2;
console.log(A,B,C,D);  // 如果解构失败，返回的结果就是 undefined
```

运行结果：

```
┌─────────┬──────────────────────┐
│ (index) │        Values        │
├─────────┼──────────────────────┤
│    0    │      'PC005-3A'      │
│    1    │ 'PC008-1 with diode' │
│    2    │      'PC008-3A'      │
└─────────┴──────────────────────┘
PC005-3A PC008-1 with diode PC008-3A
PC008-3A PC005-3A PC008-1 with diode undefined
```

【代码分析】

数组元素的提取，可以使用数组名[索引]的形式实现，数组索引默认从 0 开始。也可以按照对应位置对变量赋值，若没有对应的匹配值则返回 undefined。

> !!! 小贴士
>
> Web 应用开发实际上就是实现前后端之间的数据请求与响应，数据一般来源于文件或数据库。Web 应用开发的本质其实就是数据获取、解析、处理与页面呈现的过程。此时，必须学会分析数据的结构，根据数据组织的形式，使用正确的流程控制语句对其进行解构，然后将其渲染在页面中，从而实现特定的功能。我们在学习任何知识时，要善于思考，领悟本质，抓住重点，实现高效学习。

1.6 任务实现

微课视频

第一个 Node.js
程序

根据任务描述，首先新建一个 Node.js 文件编写程序，然后运行程序。

1.6.1 编写 Node.js 程序

打开 HBuilder，选择"文件"菜单下的"新建"，选择"JavaScript 文件"，如图 1-21 所示。

图 1-21 选择"JavaScript 文件"

选择文件所在目录并给文件命名为"hello.js"，勾选"空白文件"，单击"完成"按钮，如图 1-22 所示。

图 1-22 设置目录和文件名

输入代码，如图 1-23 所示。

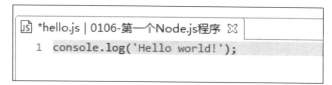

图 1-23   输入代码

【代码分析】

代码中的语句以分号（；）结尾，语法规则同前端 JavaScript。console 对象可以将浏览器调试模式下的信息输出到控制台。console.log()方法用于在控制台输出信息，该方法对于开发过程测试非常有用。

注意：每一个文件在运行时，务必要保存。文件保存后，文件名左侧的 "*" 会消失。

1.6.2   运行 Node.js 程序

Node.js 程序有 3 种运行方式：在 HBulider 中运行，在 CMD 中使用 node 或 nodemon 命令运行。

1．HBuilder 中运行 Node.js 程序

右击需要运行的 hello.js 文件，选择 "运行方式" 下的 "1 Node Application"，如图 1-24 所示。

图 1-24   运行 hello.js 文件

控制台显示运行结果，说明 Node.js 在 Hbuilder 中运行成功，如图 1-25 所示。

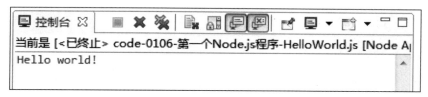

图 1-25 运行结果

Node.js 程序还可以在 CMD 中使用 node 或 nodemon 命令运行。

2. 使用 node 命令运行 Node.js 程序

在 HBuilder 中，右击文件 hello.js，选择"打开文件所在目录"，如图 1-26 所示。

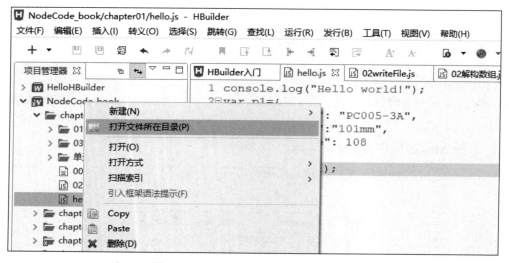

图 1-26 文件目录下打开 CMD 窗口

在当前目录下打开 CMD 窗口，方法是单击当前文件夹的地址栏，选中文件路径文字，输入字符"cmd"，然后按"Enter"键，如图 1-27 所示。

说明：本书后面单元中的"当前目录下打开 CMD 窗口"，均是指使用这种方法进入 CMD 窗口，后面不再详细说明。

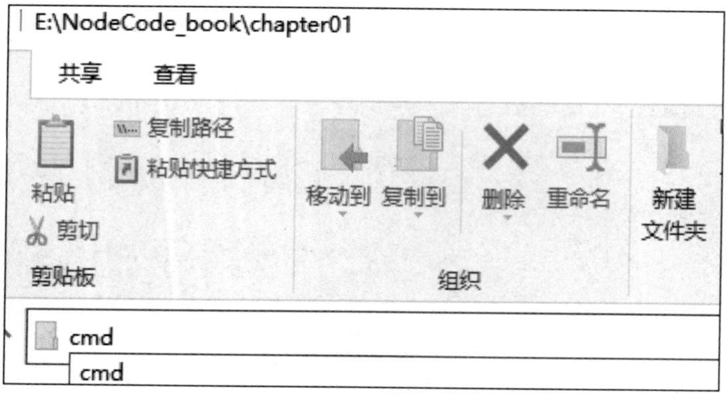

图 1-27 在地址栏输入 cmd

此时会打开 CMD 窗口，窗口中的当前路径即刚刚打开的文件夹路径，在窗口中输入下面命令：

node hello.js 或 **node hello** （.js 可以省略）

按"Enter"键后，即可查看运行结果，如图 1-28 所示。

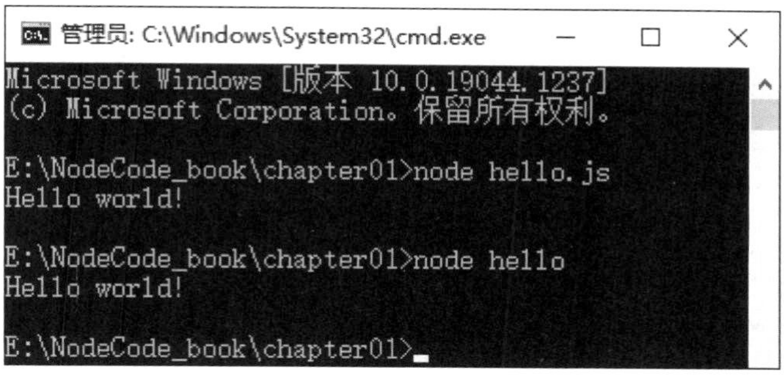

图 1-28　使用 node 命令运行 hello.js 文件

此时，若是 hello.js 文件的代码发生改变后，需要再次以上述方式运行该文件，重新查看运行结果。下面介绍一种可以自动检测到文件更改并自动重新调试 Node.js 程序的方法。

3. 使用 nodemon 命令运行 Node.js 程序

nodemon 是一种工具，可以自动检测到目录中的文件更改，通过重新启动应用程序来调试 Node.js 程序。nodemon 需要事先安装。

（1）全局安装 nodemon

打开 CMD 窗口，输入以下命令并执行，将 nodemon 全局安装到系统路径（只要安装一次）：

npm install nodemon -g

（2）使用 nodemon 运行 Node.js 程序

若 hello.js 文件的代码有所修改，不必重新使用 node 命令运行程序来查看最新结果。在当前目录下打开 CMD 窗口后，输入下面命令：

nodemon hello.js 或 **nodemon hello** （.js 可以省略）

按"Enter"键后，即可查看运行结果，不管 hello.js 文件的代码何时发生变化，只要代码被保存了，就都能自动重启运行查看到最新的运行结果。

在 hello.js 中，添加代码，实现一个对象信息的输出，如下：

```
console.log("Hello world!");
var p1={
        "name": "PC005-3A",
        "size":"101mm",
        "price": 108
    }
console.dir(p1);
```

保存文件后，运行窗口会自动监测到代码的变化，并重新输出最新的运行结果，如图 1-29 所示。

图 1-29　使用 nodemon 命令运行 hello.js 文件

!!! 小贴士

　　Node.js 程序除了可以在 CMD 中使用 node 或 nodemon 命令运行，还可以在 IDE 中运行，或在 Git Bash 下运行。大家可自行查阅资料并进行实践，此处不详述。程序员遇到问题后应学会通过查阅资料解决问题，要养成自主学习的习惯，只有具有终身学习的意识和能力，才能适应软件行业日新月异的技术发展。

拓展实训——解构商品数据

　　Web 应用中，客户端与浏览器经常要进行数据交互。数据往往来源于网络接口，或者数据表中的查询结果。对于复杂的应用数据，有必要分析其数据结构，综合使用对象和数组的解构赋值方法进行数据解析。

1．实训需求

从包含对象和数组的商品数据中，解构出每一个商品的名称信息并输出。

2．实训步骤

（1）准备商品数据。
（2）分析数据结构，编程实现功能。

微课视频

解构商品数据

3．实现过程

编写 JS 文件，定义数据并进行解构编程。

```
var products=[  // 数组，其中元素为对象
    {
        "name": "PC005-3A",
        "size":"101mm",
        "price": 108
    },
    {
        "name": "PC008-1 with diode",
        "size":"93mm",
        "price": 216
```

```
        },
        {
            "name": "PC008-3A",
            "size":"99mm",
            "price": 295
        }
    ]
// 输出所有商品名称
for(var i=0;i<products.length;i++){   // 遍历数组
    console.log(products[i].name);
}
```

运行结果：
```
PC005-3A
PC008-1 with diode
PC008-3A
```

【代码分析】

每一个商品数据是一个对象，所有商品数据被打包为一个数组，为了取得每一个商品的名称，可以使用 for 循环遍历数组，每循环一次取得一个商品数据对象，再使用对象属性提取对象中的商品名称。

单元小结

本单元主要介绍了 Node.js 的发展历史、应用场景、编程环境搭建、console 对象的常用方法、模板字符串、变量解构赋值等知识。通过对本单元的学习，读者能够对 Node.js 有一个浅显的认识，能够编写简单的 Node.js 程序并运行出结果，对 Web 应用开发过程中如何使用 Node.js 处理相关的数据有所了解，为后续单元的文件、数据库数据处理奠定基础。

单元习题

一、填空题

1. Node.js 是一个可以让 JavaScript 运行在（   ）的平台。

2. ES6 中允许通过一定的模式，将对象和数组中的内容提取出来，赋值给变量，这个过程称为（   ）。

3. （   ）对象是一个全局对象，用于提供控制台标准输出。

4. 模板字符串使用（   ）来代替普通字符串中的双引号和单引号。

5. JavaScript 的执行环境是（   ）线程的。

二、单选题

1. 关于 Node.js 的说法中，正确的是（   ）。

    A. Node.js 是多线程的   B. Node.js 可以使用浏览器运行

    C. Node.js 使用 Java 语言来开发   D. Node.js 使用事件驱动的机制

2. 在数组的解构赋值中，var [a,b,c] = [1,2]结果中，a、b、c 的值分别是（　　　）。

    A. 1 2 null   B. 1 2 undefined   C. 1 2 2   D. 抛出异常

3. console.（　　　）方法用于将一个对象的信息输出到控制台。

    A. log()   B. time()   C. dir()   D. trace()

4. （　　　）在执行代码时没有阻塞或等待文件 I/O 操作，这就大大提高了 Node.js 的性能，可以处理大量的并发请求。

    A. 异步模式   B. 同步模式   C. 顺序执行   D. 等待状态

5. console.log()格式化输出占位符时，表示对象占位符是（　　　）。

    A. %s   B. %d   C. %f   D. %o

三、简答题

1. 请简述 Node.js 与 JavaScript 的区别。
2. 请简述 Node.js 程序运行的方式。
3. 多条商品数据（包含商品名、价格、图片等信息）在 Node.js 中一般如何存储？

单元 ❷ Node.js 模块化编程

本单元主要介绍 Node.js 中的模块机制和模块化规范 CommonJS。通过对本单元的学习，读者可理解模块化开发的优点、掌握模块的编写规范、第三方包的安装、自定义包的方法等，为基于模块化的应用开发打下良好基础。

1. 知识目标

（1）了解模块化开发规范。

（2）掌握模块化开发方式。

（3）掌握包描述文件的生成方法。

（4）掌握第三方包的安装、更新和卸载操作。

（5）掌握自定义包的要求和方法。

2. 能力目标

（1）能够根据模块化规范开发自定义模块。

（2）能够使用 NPM 命令管理第三方包。

（3）能够理解包描述文件的作用和生成方法。

（4）能够使用 CNPM 和 YARN 管理第三方包。

（5）能够自定义包进行简单功能开发。

3. 素养目标

（1）培养读者模块化开发的理念，并在开发过程中进行实践。

（2）培养读者运用第三方包进行开发的意识。

（3）培养读者运用网络资源解决问题的能力。

任务1　模块化动态显示时间

2.1　任务描述

根据 CommonJS 规范，自定义一个模块 time.js，导出其中的函数 showTime()，在控制台显示日期时间，在主程序 main.js 中调用该模块，每隔 1 秒动态显示当前系统时间，控制台输出效果如图 2-1 所示。

```
2024-03-20T05:35:22.288Z
2024-03-20T05:35:23.298Z
2024-03-20T05:35:24.299Z
2024-03-20T05:35:25.299Z
2024-03-20T05:35:26.299Z
2024-03-20T05:35:27.299Z
```

图 2-1　控制台输出效果

2.2 支撑知识

模块化是指解决一个复杂问题时，自顶向下逐层把系统划分成若干模块的过程。对整个系统来说，模块是可组合、分解和更换的单元。在 Node.js 中所有的功能都是以模块形式存在的，一个文件就是一个模块。在 Node.js 中，遵循 CommonJS 规范进行模块化开发，可以自定义模块，方便应用程序重复调用，增加代码的可读性，使得项目业务逻辑更加清晰，还能提升开发效率。

微课视频

模块化开发

2.2.1 模块的定义

模块通常是指编程语言所提供的代码组织机制，利用此机制可将程序拆解为独立且通用的代码单元。模块化主要解决代码分割、作用域隔离、模块之间的依赖管理以及发布到生产环境时的自动化打包与处理等多个方面的问题。

模块有如下几个优点。

重用代码：通过模块引用的方式，来避免重复的代码编写。模块可以多次加载，但是只会在第一次加载时运行一次，运行结果会被自动缓存，以后再加载时就直接读取缓存结果。

可维护性：因为模块是独立的，一个模块负责处理特定功能，使得业务逻辑清晰，便于维护。一个设计良好的模块会让外面的代码对自己的依赖越少越好，这样自身就可独立进行更新和改进。

命名空间：在 Node.js 中每个文件就是一个模块，有自己的作用域。在一个文件里面定义的变量、函数、类等，都是私有的，对其他文件不可见。使用模块化开发来封装变量，可以避免污染全局环境。

2.2.2 模块化规范 CommonJS

模块开发需要遵循一定的规范，CommonJS 是一套约定标准，旨在让浏览器之外的 JavaScript（比如服务器端或者桌面端）能够通过模块化的方式来开发和协作。Node.js 的模块系统，就是参照 CommonJS 规范实现的。

微课视频

Node.js 模块基础

CommonJS 规范核心思想可以总结为一句话——"文件即模块"。在模块中默认创建的属性都是私有的，也就是说，在一个文件中定义的变量（还包括函数和类）对其他文件是不可见的。该模块实现方案允许某个模块对外暴露部分接口并且由其他模块导入使用。

CommonJS 定义的模块关键字有：模块标识（module）、模块导出（exports）和模块引用（require）。每个模块内部，module 变量代表当前模块，它的 exports 属性（即 module.exports）是对外的接口。在另一个文件中，可通过 require 加载已定义的模块，读取并执行一个 JS 文件，然后返回该模块的 exports 对象。

使用 exports 暴露数据的语法为：

```
exports.属性或方法名=值;
```

【示例 2.1】根据 CommonJS 规范定义一个模块并进行调用。

student.js-自定义模块。

```
function sayHi(stu){
    console.log(stu + '正在学习 Node.js!');
}
module.exports.sayHi=sayHi;
```

【代码分析】

使用 module.exports 导出一个函数，函数有形参 stu。

main.js-调用模块 student.js。

```
let student = require('./student.js');
student.sayHi('李云');
```

运行结果：

```
李云正在学习 Node.js!
```

【代码分析】

引入当前目录下（./）的模块文件 student.js，将其命名为 student。使用模块名.函数名(实参)的形式调用模块中定义的函数进行语句输出，将实参“李云”传入函数 sayHi()，在控制台输出一行语句。使用 node 或者 nodemon 命令运行主程序 main.js 即可查看运行效果。

!!! 小贴士

　　Node.js 遵循了 CommonJS 模块化规范，该规范约定了模块的特性和模块化之间的相互依赖。在开发项目的时候，会有很多的规范，比如命名规范、代码书写规范、模块化开发规范等，我们要有遵循规范进行开发的意识，养成良好的编码习惯。大家都遵守约定的规范进行开发，能够大大降低沟通成本，提升工作效率，开发出高质量的软件系统。

2.2.3　模块的分类

Node.js 中，模块分为核心模块、第三方模块和自定义模块。核心模块是 Node.js 自带的文件模块；第三方模块是由第三方个人或团队开发出来的模块；自定义模块是开发者自定义的模块。

微课视频

path 模块

1. 核心模块

核心模块，也称为原生模块，是由 Node.js 官方提供的模块，如 fs、http、net 等，这些模块已被编译成了二进制代码，可直接加载使用。核心模块拥有最高的加载优先级，如果有模块与核心模块命名冲突，Node.js 总是会优先加载核心模块。

核心模块不需要开发者创建，可以直接通过 require 加载，如：

```
var http = require('http'); // 创建服务器
var dns = require('dns');    // DNS 查询
var fs = require('fs');      // 文件操作
var url = require('url');     // url 处理
```

【示例 2.2】核心模块 path 的使用。

核心模块 path 主要用于处理文件路径。代码中加载该模块后，可以调用其方法进行路径拼接等操作。

```
var path=require('path');
console.log(__dirname);   // 当前正在运行的文件所在的目录
var newPath=path.join(__dirname,'blog','upload');   // join 拼接路径
console.log(newPath);
var img="E:\\NodeCode_book\\blog\\images\\avatar.png";
console.log(path.extname(img));   // 文件扩展名
console.log(path.basename(img));  // 文件名
console.log(path.dirname(img));   // 文件所在路径
```

运行结果：

```
E:\NodeCode_book\chapter02-module
E:\NodeCode_book\chapter02-module\blog\upload
.png
avatar.png
E:\NodeCode\blog\images
```

【代码分析】

在上述代码中，表示路径时需要使用路径分隔符"\\"，因为在程序中"\"表示转义字符，单独使用"\"不能正确表示路径。

使用__dirname 返回当前文件所在文件夹的绝对路径。因为本示例代码对应的.js 文件放在 E:\NodeCode_book\chapter02-module 目录下，所以第 2 行代码中__dirname 的值为"E:\NodeCode_book\chapter02-module"，这个值取决于当前正在运行文件所在的目录，在开发时若要获取程序的当前路径非常有用。

path.join([path1][, path2]...)用于拼接路径，在第三行代码中，拼接得到站点 blog 中的图片上传路径：E:\NodeCode_book\chapter02-module\blog\upload。path.extname(p)返回路径中文件的扩展名；path.basename(p[, ext])返回路径中的最后一部分，这里是文件名；path.dirname(p)返回路径中代表文件夹的部分。此示例主要讲解核心模块的加载方法，path 模块的详细使用将在单元 4 的 4.5.3 中进行讲解。

2．第三方模块

第三方模块是由第三方个人或团队开发出来的，并且发布到 NPM 服务器上的免费开源模块。借助 NPM，Node.js 与第三方模块之间形成了很好的生态系统。第三方模块在使用前，必须先使用 NPM 工具进行下载，在代码中通过 require 加载该模块后，才能正常调用其方法进行应用。比如，moment、time-stamp 就是两个用于格式化时间的第三方模块，mysql 是 Node.js 中一个专门用于操作 mysql 数据库的模块。

3．自定义模块

自定义模块是被存储为单独的文件（或文件夹）的模块，可能是 JavaScript 代码、JavaScript 对象表示法（JavaScript Object Notation，JSON）代码或编译好的 C/C++代码。在不显示指定文件模块扩展名的时候，Node.js 在调用时会分别试图为其加上.js、.json、.node（编译好的 C/C++代码）等扩展名。

2.2.4 自定义模块设置

Node.js 中，用户编写的所有代码都会被自动封装在一个模块中，模块与模块之间相互独立。一个模块若要使用另一个模块的功能就需要引入模块，被引入的模块就需要将数据暴露出来。Node.js 提供了 exports 和 require 两个对象，其中 exports 是模块公开的接口，require 用于从外部获取模块的接口。

exports 暴露数据的语法，可以使用以下方法：

exports.属性或方法名=值;

还可以使用对象的方式暴露模块中的数据，语法为：

module.exports={}

【示例 2.3】自定义模块，根据商品单价和数量计算商品总价。

price.js-自定义模块。

```
function sumPrice(amount,price) {
    return amount * price;
}
module.exports ={
    sumPrice
}
```

【代码分析】

使用 module.exports 导出一个函数，函数有形参 amount 和 price。return 语句返回计算函数值，根据给定数量和单价计算价格。

main2.js-调用模块 price.js。

```
let price = require('./price');
let result = price.sumPrice(4,500);
console.log('总价格: ' + result);
```

运行结果：

```
总价格: 2000
```

【代码分析】

首先加载模块，引入当前目录下的模块文件 price.js，因为模块中导出的是接口对象，使用模块名.函数名(参数列表)调用模块的 exports 接口，将返回值赋给变量 result，值为 2000。

2.3 任务实现

根据任务描述，实现模块化动态时间显示，即每隔 1s 在控制台输出当前时间，需要两步：

第一步，编写自定义模块代码，暴露定义的函数；

第二步，在主程序中使用 setInterval() 函数调用自定义模块，每秒输出时间。

2.3.1 编写模块代码

自定义模块 time.js，使用 Date 类编写时间显示函数，并暴露该函数。

time.js-自定义一个模块。

```
function showTime(){
```

```
    var date=new Date();
    console.log(date);
}
module.exports={
    showTime
}
```

【代码分析】

使用 module.exports 导出一个函数 showTime()。

2.3.2　调用自定义模块

编写主程序 main.js，调用自定义模块 time.js，每隔 1s 调用一次函数，动态显示时间。main.js-调用模块 time.js。

```
var time=require('./time.js');
setInterval(time.showTime,1000);
```

运行结果：
```
2024-03-20T05:42:43.881Z
2024-03-20T05:42:44.891Z
2024-03-20T05:42:45.892Z
2024-03-20T05:42:46.892Z
2024-03-20T05:42:47.892Z
```

【代码分析】

首先加载模块，引入当前目录下（./）的模块文件 time.js，使用模块名.接口名()调用模块中的函数，为了达到每秒更新时间的效果，需要使用 setInterval()函数。注意，按照 setInterval()函数的语法规范，第一个参数应为函数名，所以在该代码中为 time.showTime，不能写为 time.showTime()，然后按照指定的周期[1000ms（1s）]来调用模块中的函数。

任务 2　自定义项目包

2.4　任务描述

将一个企业网站站点文件夹升级为 Node.js 项目包。按照 CommonJS 包规范，需要生成包描述文件，下载项目开发依赖包，并编写主程序，程序运行后显示当前的时间。站点文件夹如图 2-2 所示，运行效果如图 2-3 所示。

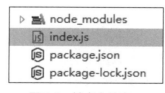

图 2-2　站点文件夹

```
这是站点主程序。
当前时间：2023年01月11日 14:45:58
```

图 2-3　运行效果

2.5　支撑知识

在 Node.js 中，包和模块并没有本质的不同，包是在模块的基础上更进一步地抽象，包将某个独立的功能封装起来，用于发布、更新、依赖管理和版本控制。包遵循一定的规范，支持自定义。通过 NPM、CNPM（Chinese Node Package Manage）和 YARN 等包管理工具可以实现第三方包的下载、更新和卸载等操作。

2.5.1　包

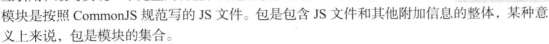

微课视频

包与 NPM

1. 包的定义

当需要实现某个功能时，可能需要开发不同的模块，这些模块通过相互引用，最终实现一个完整的功能，而这些模块组合在一起，就形成了包。模块是按照 CommonJS 规范写的 JS 文件。包是包含 JS 文件和其他附加信息的整体，某种意义上来说，包是模块的集合。

CommonJS 的包规范由包结构和包描述文件组成。包结构即包的文件结构，完全遵循 CommonJS 包规范的包目录应该包含如下目录和文件。

- package.json：包描述文件。
- bin：用于存放可执行二进制文件的目录。
- lib：用于存放 JavaScript 代码的目录。
- doc：用于存放文档的目录。
- test：用于存放单元测试用例的代码。

2. 包描述文件

包描述文件用于表达非代码相关的信息，记录 NPM 对包管理的信息，位于包的根目录下，是包的重要组成部分，NPM 的所有行为都与包描述文件的字段息息相关。包描述文件的内容尽管相对较多，但是实际使用时并不需要一行行编写。

包描述文件中的相关信息如下。

- name：包名。
- version：包的版本号。
- description：包的描述。
- homepage：包的官网统一资源定位符（Uniform Resource Locator，URL）。
- author：包的作者姓名。
- contributors：包的其他贡献者姓名。
- dependencies：项目运行的依赖包列表。在【示例 2.4】中的依赖包有 "cookie-parser" "debug" "http-errors" "jade"，必须先下载这些依赖包，然后才能正常运行当前项目。使用 NPM 安装依赖包后，会自动将依赖包放在 node_modules 目录下。
- keywords：关键字，用来描述当前项目的关键信息，在【示例 2.4】中值为 "good"。
- scripts：内置脚本，为 key: value 键值对。key 为可执行的命令，在【示例 2.4】中为 "test"，value 为指定要运行的脚本，在【示例 2.4】中为 "echo \"Error: no test specified\" && exit 1"，可使用 npm run test 命令来运行后面的脚本。

license：软件开源许可证，用来限制源码的使用、复制、修改和再发布等行为。常见的

Node.js 应用开发项目化教程（慕课版）

协议有 MIT 和 GPL。MIT 表示只要用户在项目副本中包含版权声明和许可声明，就可以基于代码做任何开发，且无需承担任何责任。GPL 表示修改项目代码的用户再次分发源码或二进制代码时，必须公布其相关修改。

- devDependencies：项目开发所需要的依赖包列表，将安装包放在 C:\usr\local 下或者 Node.js 的安装目录下。
- repository：包代码资源存放的地方的类型，可以是 git 或 svn，git 类型对应的地址可为 Github。
- main：指定程序的主入口文件，执行 require("moduleName") 就会加载这个文件。这个字段的默认值是模块包文件夹根目录下面的 index.js。在下面的示例中，主入口文件为 app.js。

【示例 2.4】包描述文件代码。

```
{
  "name": "myproject",
  "version": "1.0.0",
  "description": "a good demo",
  "main": "app.js",
  "scripts": {
    "test": "echo \"Error: no test specified\" && exit 1"
  },
  "keywords": [
    "good"
  ],
  "author": "Harrison",
  "license": "ISC",
  "dependencies": {
    "cookie-parser": "~1.4.4",
    "debug": "~2.6.9",
    "http-errors": "~1.6.3",
    "jade": "~1.11.0"
  }
}
```

【代码分析】

包名称为 myproject，程序的主入口文件为 app.js，关键字为 good，包的作者为 Harrison，通过 npm run test 命令可以运行脚本。在包文件夹根目录下打开 CMD 窗口，使用 npm install 命令根据 dependencies 保存项目依赖包的列表信息（cookie-parser、debug、http-errors、jade），就能自动下载所需的依赖包到当前目录下的 node_modules 文件夹中，配置项目所需的运行环境。

2.5.2 NPM 包管理工具

1. 什么是 NPM

NPM 是包管理工具。在模块之外，包和 NPM 是将模块联系起来的一种机制。CommonJS 包规范是理论，NPM 是一种实践。在安装好 Node.js 时，NPM 已作为一个附带内置工具可以直接使用。借助 NPM，用户可以快速安装和管理依赖包。

2. 常用 NPM 命令

NPM 常见的使用场景有：用户从 NPM 服务器下载第三方包到本地使用、用户从 NPM

服务器下载并安装他人编写的命令行程序到本地使用、用户将自己编写的包或命令行程序上传到 NPM 服务器等。NPM 常用命令如表 2-1 所示。

表 2-1　NPM 常用命令

NPM 命令	功能	示例
npm -v	查看 NPM 版本	npm -v
npm help <command>	查看某条命令的详细描述	npm help install
npm install <package>	局部安装第三方包	npm install markdown
npm install <package> -g	全局安装第三方包	npm install express -g
npm install <package> -S 或 npm install <package> --save	将安装包信息加入项目 package.json 文件的 dependencies 中（生产阶段的依赖）	npm install express -S
npm install <package> -D 或 npm install <package> --save-dev	将安装包信息加入项目 package.json 文件的 devDependencies 中（开发阶段的依赖）	npm install express -D
npm list	查看当前目录下安装的包	npm list
npm list -g	查看全局安装的包	npm list -g
npm root	查看当前文件下包的安装路径	npm root
npm root -g	查看全局安装的包所在路径	npm root -g
npm list <package>	查看已安装的包的版本号	npm list markdown
npm uninstall <package>	卸载已安装的包	npm uninstall markdown
npm update <package>	更新当前目录下已安装的包至最新版本	npm update mysql
npm update <package> -g	更新全局安装包至最新版	npm update express -g
npm search <package>	查找包	npm search express
npm init	生成项目的 package.json 文件	npm init
npm install	未指定包名，根据项目 package.json 文件中的依赖包列表（dependencies）下载安装	npm install
npm cache clear	清空 NPM 本地缓存	npm cache clear
npm adduser	在 npm 资源库中注册用户（使用邮箱注册）	npm adduser
npm publish	发布包	npm publish
npm unpublish <package>@<version>	撤销已发布的某个版本的包	npm unpublish myCode@1.0.0

第三方包的安装方式有 2 种：**全局安装**和**局部安装**（本地安装）。

全局安装并不意味着可从任何地方通过 require() 来引用，它的主要目的是添加命令行工具。全局安装包后，用户可以在命令行中直接运行该组件包支持的命令。

局部安装包时，会将下载的包及其依赖包自动保存到当前文件夹下（运行 npm 命令时所在的目录）的 node_modules 文件夹中，如果没有该文件夹，会自动创建该文件夹。

局部安装的包通过 require() 被引入程序中使用。包的加载规则：require() 在加载包时，首先会判断其是否为核心模块，若是核心模块（Node.js 安装时自动保护），则自动加载；若不是核心模块，那么就查找当前目录下的 node_modules 文件夹是否已下载该模块。若当前目录下没有该模块，则到其父目录中的 node_modules 查找下载的包，一直递归到项目包所在的根目录下，若能找到，程序不会报错；若找不到，则程序会报错并提示包未安装。

（1）全局安装包。

全局安装 express 和 express-gengerator 包，这样就可以在 CMD 窗口中使用 express 命令创建基于 Express 框架的项目包。

【示例 2.5】全局安装 express 和 express-generator 包。

在任意地方打开 CMD 窗口，输入如下命令并执行：

```
npm install express express-generator -g
```

【命令分析】

NPM 可以同时安装包，包名中间用空格隔开。

包全局安装完成后，可以通过以下命令查看包的位置：

```
npm root -g
```

一般情况下，全局安装的包在下面的目录下：

```
C:\Users|Administrator\AppData\Roaming|npm|node_modules
```

（2）局部安装包。

【示例 2.6】局部安装 mysql 模块。

在当前目录下打开 CMD 窗口，输入如下代码并执行：

```
npm install mysql
```

在当前目录下，创建 index.js，输入如下代码：

```
var mysql=require("mysql");
console.log(module.paths);
```

运行结果：

```
[
  'E:\\NodeCode_book\\chapter02-module\\node_modules',
  'E:\\NodeCode_book\\node_modules',
  'E:\\node_modules'
]
```

【代码分析】

使用 module.paths 返回了依赖包查找的路径集合。根据包的加载规则，这里返回了当前程序在运行时所有可能查找依赖包的路径。

注意：在局部安装包时，若只有 npm install，后面没有给出包名，表示需要到当前目录下的 package.json 文件中，按照 dependencies 给出的项目运行依赖包列表信息下载依赖包到当前目录下的 node_modules 文件夹中（这个文件夹若没有会被自动创建）。

2.5.3　CNPM 和 YARN 包管理工具

微课视频

CNPM 和 YARN
安装和使用

NPM、CNPM 和 YARN 都是包管理工具。NPM 是 Node.js 自带的包管理工具，安装完 Node.js 之后可直接使用。因 NPM 服务器在国外，所以下载包的速度有时比较慢。CNPM 和 YARN 是第三方包管理工具，需要手动安装才可以使用，可以解决 NPM 安装速度慢、易出错的问题。

1. CNPM

为了提高包的下载速度，淘宝团队搭建了一个完整 NPM 的镜像 CNPM，用其代替官方版本（只读），同步频率目前为 10min 一次，以保证尽量与官方服务同步。CNPM 跟 NPM 用法完全一致，只是在执行命令时将 npm 改为 cnpm。

安装 cnpm 的命令如下：

```
npm install -g cnpm --registry=https://registry.npmmirror.com
```

查看版本号的命令：

```
cnpm -v
```

使用 cnpm 命令安装模块：

```
cnpm install <package>
```

2. YARN

YARN 一开始的主要目标是解决由于语义版本控制而导致的 NPM 安装的不确定性问题。像 NPM 一样，YARN 使用本地缓存。与 NPM 不同的是，YARN 提供了离线模式，无须互联网连接就能安装本地缓存的依赖项。YARN 的运行速度得到了显著提升，整个安装时间也变得更短。安装 YARN 的命令如下：

```
cnpm install yarn -g
```

查看版本号的命令：

```
yarn -v
```

使用 cnpm 命令安装模块：

```
yarn add <package>
```

3. NPM、CNPM 与 YARN 对比

使用不同的工具，实现相同的功能，对比代码如表 2-2 所示。

表 2-2　NPM 与 CNPM、YARN 对比

功能	NPM	CNPM	YARN
初始化某个项目	npm init	cnpm init	yarn init
默认安装依赖操作	npm install/link	cnpm install/link	yarn install/link
安装某个依赖并将其保存到 package.json	npm install taco -s	cnpm install taco -s	yarn add taco
移除某个依赖项目	npm uninstall taco -s	cnpm uninstall taco -s	yarn remove taco
安装某个开发时依赖项目	npm install taco --save-dev	cnpm install taco --save-dev	yarn add taco -dev

续表

功能	NPM	CNPM	YARN
更新某个依赖项目	npm update taco -s	cnpm update taco -s	yarn upgrade taco
安装某个全局依赖项目	npm install taco -g	cnpm install taco -g	yarn global add taco
发布/登录/退出登录，一系列 NPM Registry 操作	npm publish/login/logout	cnpm publish/login/logout	yarn publish/login/logout
运行某个命令	npm run/test	cnpm run/test	yarn run/test

2.6 任务实现

微课视频

自定义包

根据任务描述，自定义一个项目包，按照包的规范，需要以下 3 步。

第一步，使用 NPM 命令生成包描述文件 package.json。

第二步，根据功能需要，本地安装依赖包。

第三步，编写主程序代码，在控制台输出信息。

2.6.1 生成包描述文件 package.json

在站点根目录下生成 package.json 文件，用以说明这个站点项目的配置信息（比如名称、版本、许可证、依赖包等元数据）。

package.json 文件可以手动编写，也可以使用 NPM 命令自动生成。进入项目文件夹目录，打开 CMD 窗口，输入下面的命令并执行就能生成 package.json 文件：

```
npm init
```

NPM 通过提问式交互让用户逐个填入选项，按照属性的含义输入对应的信息即可，最后生成可预览的包描述文件。

也可以通过如下命令，跳过这些步骤，直接采用默认配置生成 package.json 文件，如图 2-4 所示。

```
npm init -y
```

图 2-4 生成 package.json 文件

确认信息后按 "Enter" 键，再回到项目文件夹下，可以看到自动生成了 package.json 文件，里面的内容就是默认配置信息。

2.6.2 本地安装依赖包

为了能够在主程序中显示时间，在站点目录下局部安装第三方模块 time-stamp，该模块可以用来格式化时间，如图 2-5 所示。安装了该模块后，package.json 文件会自动记录该依赖模块到 dependencies 属性中。

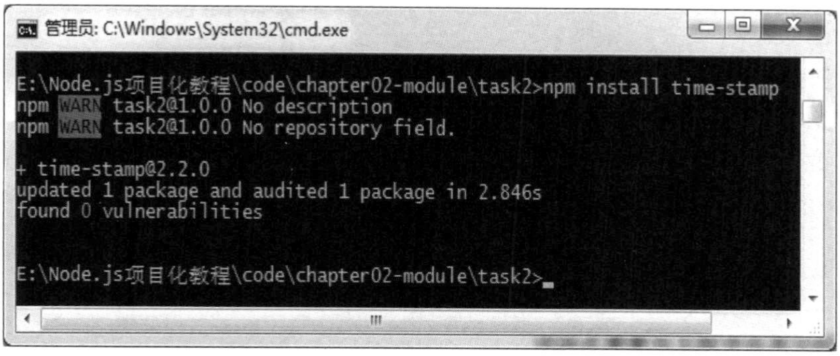

图 2-5　局部安装第三方模块 time-stamp

此时，package.json 包描述文件的代码如下：

```json
{
    "name": "task2",
    "version": "1.0.0",
    "description": "",
    "main": "index.js",
    "dependencies": {
      "time-stamp": "^2.2.0"
    },
    "devDependencies": {},
    "scripts": {
      "test": "echo \"Error: no test specified\" && exit 1"
    },
    "keywords": [],
    "author": "",
    "license": "ISC"
}
```

【代码分析】

main 属性表示项目主程序为 index.js，dependencies 属性表示该项目的依赖包有 time-stamp 2.2.0。事先要安装这个依赖包，在当前目录下打开 CMD 窗口，输入 npm install 进行安装，安装完成后，在当前文件夹下的 node_modules 文件夹中可以看到下载的依赖包文件夹。

2.6.3 编写主程序代码

创建 index.js 文件，编写代码：

```
// 引入安装好的包
let timestamp = require("time-stamp");
// 返回系统当前时间
let time = timestamp('YYYY年MM月DD日 HH:mm:ss');
console.log("这是站点主程序。");
console.log("当前时间：",time);
```

运行结果：

```
这是站点主程序。
当前时间：2023年01月11日 14:45:58
```

【代码分析】

主程序加载依赖包 time-stamp，根据其格式"YYYY 年 MM 月 DD 日 HH:mm:ss"输出当前系统时间。

拓展实训——格式化商品日期

1．实训需求

商品数组中定义了多个商品的信息，包含发布日期，格式为"2021-12-12"，使用模块化开发思路，自定义模块将商品发布日期输出为"2021 年 12 月 12 日"。

2．实训步骤

（1）下载 moment 包到当前目录中。

（2）自定义模块 format.js，引入 moment 模块，对日期参数进行格式化。

（3）编写主程序 index.js，遍历商品数据并进行格式化输出。

项目包文件列表如图 2-6 所示。

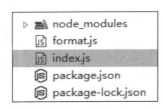

图 2-6　项目包文件列表

微课视频

格式化商品日期

3．实现过程

（1）使用默认参数值，生成 package.json 文件。

```
npm init -y
```

（2）下载并安装 moment 模块，此时会在项目根目录下生成 node_modules 文件夹，并将下载的依赖包文件存放其中。在当前目录下打开 CMD 窗口，输入以下命令进行安装：

```
npm install moment
```

（3）编写 format.js 文件，定义函数 formatDate()并暴露。

```
// 引入安装好的包
```

```
let moment = require('moment');
moment.locale("zh-cn");  // 格式化成中文
// 返回系统当前时间
function formatDate(d){
    // 格式化日期
    let time = moment(d, 'YYYY-MM-DD').format('YYYY年MM月DD日');
    return time;  // 返回格式化后的日期
}
module.exports={ // 自定义模块中暴露函数
    formatDate
}
```

【代码分析】

安装依赖包 moment，使用 require() 加载已局部安装的依赖包 moment，调用其方法 format(d) 根据格式 "YYYY 年 MM 月 DD 日" 对形参 d 进行格式化并返回。

（4）编写 index.js 文件，调用自定义模块中暴露的方法。

```
var format=require('./format.js');
var products=[  // 数组，其中元素为对象
    {
        "name": "PC005-3A",
        "price": 108,
        "add_time":"2021-12-12"
    },
    {
        "name": "PC008-1 with diode",
        "price": 216,
        "add_time":"2022-04-05"
    },
    {
        "name": "PC008-3A",
        "price": 295,
        "add_time":"2022-12-07"
    }
]

// 格式化输出商品日期
for(var i=0;i<products.length;i++){  // 遍历数组
    console.log(format.formatDate(products[i].add_time));
}
```

运行结果：

```
2021年12月12日
2022年04月05日
2022年12月07日
```

【代码分析】

主程序加载当前目录下的自定义模块 format.js，调用其暴露的方法 formatDate()，通过循环将商品 add_time 值传入函数进行格式化并输出。

单元小结

本单元主要介绍了模块化开发规范，模块化开发方式，包的安装、更新和卸载操作以及自定义包的方法。后续单元将继续深入使用模块化开发思路进行项目功能开发。

单元习题

一、填空题

1. 包模块在加载的时候，Node.js 默认会把它当作（ ）去加载。
2. 下载安装第三方包后，存放安装包的文件夹（ ）会自动生成。
3. 使用 NPM 工具下载、安装第三方包"jquery"的命令为（ ）。
4. 通过（ ）命令可以生成一个 package.json 文件，该文件是包描述文件。
5. 当 package.json 文件中有依赖包的记录时，运行（ ）命令，系统就会自动安装所有项目需要的依赖包。

二、单选题

1. NPM 命令中，（ ）命令用来安装模块。
    A. npm help
    B. npm h
    C. npm uninstall
    D. npm install
2. NPM 的命令中，用于查看包的文档的命令是（ ）。
    A. npm install --save 包名
    B. npm install -g 包名
    C. npm docs 包名
    D. npm uninstall 包名
3. 下面关于 Node.js 中包的加载规则的说法中，错误的是（ ）。
    A. 包模块遵循 require() 的加载规则
    B. 如果发现标识名不是核心模块，就会停止寻找
    C. 在加载的时候，Node.js 默认会把包模块当作核心模块去加载
    D. 如果发现标识名不是核心模块，就会在当前目录的 node_modules 目录下寻找
4. 以下关于 Node.js 中 package.json 的属性描述错误的是（ ）。
    A. dependencies——依赖包列表
    B. contributors——包代码存放的地方的类型
    C. description——包的描述
    D. homepage——包的官网 URL

5. 在 Node.js 代码中加载 path 模块时，（　　　　）。

    A. HTTP 模式是全局的，无须加载，直接使用即可

    B. 使用 require('path')即可

    C. 使用 module()方法

    D. 使用 exports()方法

三、简答题

1. 请简述使用模块化开发的优势。

2. 请简述全局安装包和局部安装包的区别。

3. 包描述文件 package.json 中的 dependencies 属性有什么作用？

单元 ③ Node.js 文件系统操作

本单元主要介绍文件和目录的操作。通过对本单元的学习，读者能够掌握异步编程、回调函数的使用，基于 fs 模块进行文件的读写，以及目录的创建、遍历等操作，进而具备文件系统操作的基础技能。

1. 知识目标

（1）了解同步编程和异步编程的定义和区别。

（2）掌握回调函数的工作原理和使用方法。

（3）掌握 Buffer 的基本概念。

（4）掌握文件和目录的基本操作方法。

2. 能力目标

（1）能够读取文件中的数据。

（2）能够进行文件写操作。

（3）能够进行目录的创建和遍历。

（4）能够删除指定目录中的文件。

3. 素养目标

（1）培养读者辩证地思考与解决问题的能力。

（2）培养读者良好的程序注释习惯。

（3）培养读者自主学习、勇于探索的精神。

任务1 商品信息写入文件

3.1 任务描述

在站点根目录下有一个文本文件 a.txt，文件内容如图 3-1 所示。编写主程序 appendFile.js 将商品信息写入 a.txt 文件中，商品信息数组如图 3-2 所示。主程序运行后，文件 a.txt 内容如图 3-3 所示。

```
📄 a.txt ✕
  1 企业网站展示一些商品信息！
```

图 3-1　文件 a.txt 原始内容

```
[
    {'name':'PC005-3A','size':'101mm','price':'108'},
    {'name':'PC008-1 BENZ.with diode','size':'93mm','price':'216'},
    {'name':'PC008-3A','size':'101mm','price':'295'}
]
```

图 3-2　商品信息数组

```
≡ a.txt ≋
1 企业网站展示 一些商品信息！[{"name":"PC005-3A","size":"101mm","price":"108"},
  {"name":"PC008-1 BENZ.with diode","size":"93mm","price":"216"},
  {"name":"PC008-3A","size":"101mm","price":"295"}]
```

图 3-3　商品信息写入后的文件 a.txt 内容

3.2　支撑知识

3.2.1　同步编程与异步编程

微课视频

异步编程

Node.js 本身是单线程编程，即一次只能完成一个任务，只有前一个任务执行完成后，才会执行下一个任务，这就是典型的同步编程。就好比一个人先读了本书，然后听了一首歌，再去吃了午饭，所有事情都是按顺序依次进行的，在完成一件事之后，再去做下一件事情。但是，如果刚好读的书比较厚（任务较为复杂，耗时较长），那么按顺序听一首歌，再去吃的就不是午饭，可能就是晚饭或者第二天的早饭了。因此，同步编程的缺点主要在于前面的任务会阻碍后续任务的执行，导致编程效率、系统资源的利用率都较为低下。

为了解决这个问题，Node.js 引入了异步编程的机制。异步编程时，即使前一个任务没有执行完成，也不必等待其完成，就可以执行下一个任务。就好比，一个人可以边看书，边听音乐，边吃午饭，不用等书看完或者音乐听完才去吃午饭。异步编程可以提高程序的性能和速度，避免单线程阻塞等情况的发生。

Node.js 实现异步编程的方法主要有回调函数、Promise、流程控制库（如 async 模块）等。其中，回调函数是 Node.js 中异步编程直接的体现，几乎所有 API 都支持通过回调函数进行并发请求的处理，因此，本书重点介绍回调函数的使用。

3.2.2　回调函数

微课视频

回调函数

回调函数，指将函数作为参数传递给另一个函数，在特定事件发生时被调用并执行。异步编程时，回调函数会在任务完成后进行调用，不用等待文件 I/O 的操作，从而执行多个并发请求。例如，我们可以一边读取文件，一边执行其他命令，在文件读取完成后，将文件内容作为回调函数的参数返回。就好比，一个学生在上课时有个快递到了，快递员将快递放到了一个快递柜中，然后发送取件码给学生。学生等课程结束后，凭取件码去取快递，并没有耽误课程的进行。这就是异步模式。这里的快递柜就好比是回调函数，当快递放进去后会触发取件码的发送，学生看到取件码，然后等当前任务完成之后再取快递。

回调函数一般是异步操作函数的最后一个参数，有些异步操作函数可支持多个回调函数。回调函数通常包含两个参数 err 和 data：参数 err 表示代码执行时出现的错误；参数 data 表示接收的返回结果数据。回调函数的使用语法为：

```
function 函数名(参数1,参数2, …,参数n,callback){}
```

其中，callback 为回调函数。

注意： 不是所有回调函数都包含参数 err 和参数 data，部分回调函数只有一个参数 err，如删除目录 rmdir()方法、写文件 writeFile()方法等。

下面结合文件的基本操作介绍同步编程和异步编程的区别。

3.2.3 fs 模块简介

微课视频

文件打开与关闭

Node.js 使用 fs（File System，文件系统）模块对文件系统进行操作，该模块是核心模块，引入模块后即可使用，无须用户安装。fs 模块支持同步和异步两种方式，可让用户与文件系统进行友好交互。

在使用 fs 模块之前，首先需要使用 require()方法引入该模块，语法格式：

```
var fs = require('fs');
```

然后，对文件进行同步/异步操作，如打开、关闭文件。

1. 打开文件

同步方式打开文件的语法为：

```
fs.openSync(path,flags[,mode])
```

返回：一个表示文件描述符的整数。

异步方式打开文件的语法为：

```
fs.open(path,flags[,mode],callback)
```

返回：undefined。

参数说明如下。

- path：文件的路径，必选。
- flags：文件系统标志，即文件的打开方式，可选，默认值为 "r"（只读），flags 参数的值及含义如表 3-1 所示。

表 3-1　flags 参数的值及含义

flags 参数的值	含义
'r'	以只读模式打开文件，为默认值。如果文件不存在，则报错
'w'	以写入模式打开文件，如果文件不存在，则新建文件
'w+'	以读取写入模式打开文件，如果文件不存在，则新建文件
'a'	以追加模式打开文件，如果文件不存在，则新建文件
'a+'	以读取追加模式打开文件，如果文件不存在，则新建文件
'as+'	以读取追加模式、同步的方式打开文件，如果文件不存在，则新建文件

- mode：打开文件的模式，用于设置文件的权限，可选，默认值为 0666（可读可写）。
- callback：异步打开文件时的回调函数，该回调函数有两个参数 err 和 fd：err 为打开文件时的错误信息；fd 为打开文件后的文件描述符。

2. 关闭文件

同步方式关闭文件的语法为：

```
fs.closeSync(fd)
```

异步方式关闭文件的语法为：

```
fs.close(fd,callback)
```

参数说明如下。

- fd：将要关闭文件的文件描述符，必选。
- callback：异步关闭文件时的回调函数。

从打开和关闭文件的方法可以看到：同步方式操作文件时，方法名中含有 Sync 的后缀，如同步读文件 readFileSync()方法、同步写文件 writeFileSync()方法等；而异步方式操作文件时，方法名中则没有任何后缀，且使用回调函数，如异步读文件 readFile()方法、异步写文件 writeFile()方法等。本书在后续单元主要介绍异步方式操作文件或目录。

【示例 3.1】使用同步方式打开、关闭文件 1.txt。

```
var fs = require('fs');
console.log(1);   // 测试语句
var fd = fs.openSync('1.txt','w+');
console.log(2);   // 测试语句
fs.closeSync(fd);
console.log(3);   // 测试语句
console.log('同步方式打开、关闭文件! ');
```

运行结果：

```
1
2
3
同步方式打开、关闭文件!
```

【代码分析】

首先，使用 require()方法引入 fs 模块；然后，以同步方式"w+"（读取写入模式）打开文件 1.txt，并返回文件描述符将其赋值给变量 fd，如果在同级目录下没有该文件，则会在该目录下新建一个空的文本文件 1.txt；接着，以同步方式关闭文件描述符 fd 指向的文件；最后，在控制台输出"同步方式打开、关闭文件!"。

注意： 此处在主要的文件操作过程中增加了 3 条测试语句，分别用于输出 1，2 和 3。对比程序运行结果中的 1，2 和 3 输出顺序，可以知道在同步模式下，这 3 条语句是严格按照先后顺序执行的。

【示例 3.2】使用异步方式打开、关闭文件 1.txt。

```
var fs = require('fs');
console.log(1);   // 测试语句
fs.open('1.txt','w+',function(err1,fd){
    if(err1){
        console.log('文件打开失败');
    }else{
        console.log(2);   // 测试语句
        fs.close(fd, function(err2){
```

```
                if (err2){
                    console.log(err2);
                } else{
                    console.log("文件关闭成功");
                }
            });
        }
    });
    console.log(3);    // 测试语句
    console.log('异步方式打开、关闭文件! ');
```

运行结果：

```
1
3
异步方式打开、关闭文件!
2
文件关闭成功
```

【代码分析】

首先，使用 require()方法引入 fs 模块；然后，以异步方式"w+"（读取写入模式）打开文件 1.txt，并使用带有参数 err1 和 fd 的回调函数，如果在同级目录下没有该文件，则会在该目录下新建一个空的文本文件 1.txt。

其次，在打开文件的回调函数中判断打开文件是否出现异常。如果 err1 为 true，即打开文件出现异常时，则输出"文件打开失败"；如果正常打开文件，则以异步方式关闭文件描述符 fd 指向的文件，并使用带有参数 err2 的回调函数。

在关闭文件的回调函数中判断关闭文件是否出现异常。如果关闭文件出现异常，则输出关闭文件时具体的 err2 错误信息；如果正常关闭，则输出"文件关闭成功"。

最后，在控制台输出"异步方式打开、关闭文件!"。

注意：此处在主要的文件操作过程中增加了 3 条测试语句，分别输出 1，2 和 3。对比程序运行结果中的 1，2 和 3 输出顺序，可以知道在异步模式下，这 3 条语句不是按照其在程序中出现的顺序执行的。

运行结果显示：在控制台中最后输出 2 和"文件关闭成功"，在此之前先输出了 3 和"异步方式打开、关闭文件! "。这说明，代码在运行的时候，并没有等文件打开和关闭语句执行完才执行后续语句，而是在文件打开语句执行之后，立即就执行了"console.log('3');"和"console.log('异步方式打开、关闭文件! ');"语句，实现了异步编程。因为"console.log(2);"和关闭文件的语句在打开文件的异步函数内部，文件真正打开（所用时间比直接输出语句长）后才会执行，所以最后输出了 2 和"文件关闭成功"。

【示例 3.1】和【示例 3.2】分别是同步和异步操作文件的方式。同步操作文件时，打开文件后直接返回文件描述符 fd，然后对 fd 指向的文件进行操作，如关闭文件。同步操作文件时，必须等文件打开后，才能进行后续的操作，程序执行过程是按代码顺序依次进行的。异步操作文件时，打开和关闭文件都使用了回调函数，无须等待其完成就可以执行后续的console.log()语句。

!!! 小贴士

同步编程按序执行代码，不会出现"回调地狱"，而异步编程可避免阻塞，提高程序运行效率；但是，不管哪种编程方式，都有其适用的场景。同样，我们在学习不同的知识、技能时，也可采用不同的学习方法。比如，在了解 Buffer 缓存区的基本概念时，我们可以查阅书籍、查找论文、搜索知识；在学习 fs 模块使用时，多写代码、多做项目任务才能快速地提升编程技能。只要选择适合自己的学习方法，脚踏实地地学好每部分知识，扎扎实实地锻炼好每一个技能，就会有意想不到的收获！

3.2.4 文件写操作

前面小节介绍了 fs.open() 和 fs.close() 方法的使用，但是实操起来比较烦琐，主要在于读写文件前，需要先打开文件，获取文件描述符 fd，还需设置好文件系统标志，否则很容易导致读写过程发生错误。此外文件操作完成后，还需人为关闭文件描述符 fd，整体过程很公式化。为了更方便、快捷地操作文件，Node.js 提供了整合模式，通过一个方法就能实现文件的打开、读写、关闭操作。

Node.js 中，使用 fs 模块对文件进行写操作有多种方法，这里主要介绍其中两种：writeFile() 和 appendFile()。

异步覆盖写入文件的 writeFile() 方法的语法为：

```
fs.writeFile(file, data[, options], callback)
```

异步追加写入文件的 appendFile() 方法的语法为：

```
fs.appendFile(file, data[, options], callback)
```

参数说明如下。

- file：文件名或文件描述符，必选。
- data：即将写入文件的内容，可以是字符串或缓存区对象，必选。
- options：可选参数。主要有以下选项。
  ◇ encoding：编码方式，默认值为 "utf-8"。若 data 为缓存区对象，该参数可忽略。
  ◇ mode：文件模式，用于设置文件的权限，默认值为 0666（可读可写）。
  ◇ flag：文件系统标志。writeFile() 方法的默认值为 "w"（写入），appendFile() 方法的默认值为 "a"（追加）。
  ◇ signal：在使用 writeFile() 方法时，允许中止正在进行的写入文件操作。appendFile() 方法无该选项。
- callback：回调函数，只包含错误信息参数 err。

两种写入文件的方法，当文件不存在时，都会创建文件；文件已存在时，writeFile() 方法写入的内容会覆盖原文件的内容，appendFile() 方法写入的内容会被追加写入原文件的内容后面。

【示例 3.3】将字符串异步覆盖写入文件。

```
// 引入 fs 模块
var fs = require('fs');
// 异步覆盖写入 writeFile()
```

```
var str="企业网站展示一些商品信息!\n";    //  \n 为换行符
fs.writeFile('DuDa.txt',str,function (err) {
    if(err) {
        console.log(err);
    }else {
        console.log('数据写入成功');
    }
});
```

运行结果：

```
📄 DuDa.txt ☒
  1 企业网站展示一些商品信息!
```

【代码分析】

首先，引入 fs 模块，并定义要写入的字符串变量 str；然后，使用 writeFile()方法将字符串及换行符 "\n" 写入文件 DuDa.txt 中；最后，在回调函数中判断文件写入是否异常，如果文件写入出错，则输出具体的错误信息 err，如果正常写入，则输出 "数据写入成功"。

代码执行后，如果当前目录中不存在文件 DuDa.txt，则新建文件并将字符串写入该文件；如果当前目录中存在该文件，不管该文件中是否已存入内容，在对其进行写操作时，原内容都会被覆盖。

【示例 3.4】将商品信息异步追加写入文件。

```
// 引入 fs 模块
var fs = require('fs');
var str="都达科技股份有限公司于 2010 年成立于常州，是一个技术专业化、管理科学化、人员年
轻化的现代化民营企业。";
fs.appendFile('DuDa.txt',str,function (err) {
    if(err) {
        console.log(err);
    }else {
        console.log('数据追加成功');
    }
});
```

运行结果：

```
📄 DuDa.txt ☒
  1 企业网站展示一些商品信息!
  2 都达科技股份有限公司于2010年成立于常州，是一个技术专业化、管理科学化、人员年轻化的现代化民营企业。
```

【代码分析】

首先，引入 fs 模块，并定义要写入的字符串变量 str；其次，使用 appendFile()方法将字符串追加写入文件 DuDa.txt 中；最后，在回调函数中判断文件写入是否异常，如果文件写入出错，则输出具体的错误信息 err，如果正常写入，则输出 "数据追加成功"。

代码执行后，如果当前目录中不存在文件 DuDa.txt，则新建文件并将公司简介字符串写入该文件。【示例 3.3】已经创建了文件 DuDa.txt，因此，公司简介字符串会被追加写入原内容后面，此时文件中包含 2 行文字。

3.3　任务实现

根据任务描述，实现商品信息的写入需要以下 3 步。

第一步，定义商品信息数组。

第二步，将商品信息数组序列化为字符串。

第三步，使用 appendFile()方法将字符串追加写入 a.txt 文件中。

在站点根目录下编写程序 appendFile.js，将序列化后的商品信息 JSON 字符串追加写入 a.txt 文件。

a.txt-待追加写入的文本文件。

企业网站展示一些商品信息！

appendFile.js-商品信息追加写入文件。

```
var fs=require('fs');
var productInfo=[
    {'name':'PC005-3A','size':'101mm',price:'108'},
    {'name':'PC008-1 BENZ.with diode','size':'93mm',price:'216'},
    {'name':'PC008-3A','size':'101mm',price:'295'}
];
fs.appendFile('a.txt',JSON.stringify(productInfo),function(err){
    if(err){
        console.log(err);
    }else{
        console.log('文件追加写入成功! ');
    }
});
```

运行结果：

文件追加写入成功!

【代码分析】

首先，引入 fs 模块，并定义要写入的商品信息数组 productInfo，该数组存储了 3 个商品的对象；然后，使用 appendFile()方法将商品信息追加写入 a.txt 文件，由于数组不能使用 appendFile()方法直接写入文件，需要先转换成字符串，因此，首先使用 JSON.stringify()方法将商品信息数组 productInfo 序列化为字符串，再将字符串追加写入文件中；最后，在回调函数中判断文件写入是否异常，如果文件写入出错，则输出具体的错误信息 err，如果正常写入，则输出"文件追加写入成功!"。

运行 appendFile.js 文件后，a.txt 中被追加写入了商品信息数组。打开该文件后可以发现文件内容如下。

任务 2　读取商品信息

3.4　任务描述

在站点根目录下有一个文本文件 products.txt，文件内容如图 3-4 所示。编写主程序 readFile.js，将文件 products.txt 中的商品信息数据读取出来后，以表格形式在控制台中输出，如图 3-5 所示。

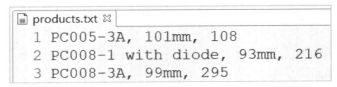

图 3-4　文件 products.txt 的内容

(index)	name	size	price
0	'PC005-3A'	'101mm'	'108\r'
1	'PC008-1 with diode'	'93mm'	'216\r'
2	'PC008-3A'	'99mm'	'295\t'

图 3-5　商品信息数据表格

3.5　支撑知识

微课视频

Buffer 缓存区

3.5.1　Buffer 简介

缓存区是指内存空间中用来缓冲输入输出数据的存储区域。由于在处理传输控制协议（Transmission Control Protocol，TCP）流、文件流时使用的是二进制数据，因此，Node.js 定义了 Buffer 类，用来创建存放二进制数据的缓存区。

Buffer 类是随 Node.js 内核一起发布的，不需要引入就可以直接用 Buffer 类提供的构造函数创建 Buffer 实例。一个 Buffer 实例代表一个缓存区，缓存区专门用于存放二进制数据，进行二进制数据流的读、写及网络传输。

1. Buffer 与字符编码

众所周知，计算机中的任何数据都是以二进制的形式存储和表示的。不管是数字、字符、视频、音频还是图片，都需要通过不同的编码方式将其转换成二进制数后，计算机才能进行处理。如数字 520，对应的二进制数为 001000001000；数字 365，对应的二进制数为 000101101101。

字符编码就是将字符（各种文字和符号的总称，包括文字、标点符号、图形符号等）按照特定的字符集映射为特定的二进制数。字符集是一个系统支持的所有抽象字符的集合，即用一个编码值来表示一个字符，这个编码值是字符对应于编码字符集的序号。

在 Node.js 中，当 Buffer 和字符串之间需要相互转换时，可以指定字符编码。如果未指定字符编码，则默认使用 UTF-8。目前，Node.js 支持的字符编码如下。

- UTF-8：多字节编码的 Unicode 字符，是 Node.js 默认的字符编码，许多网页和文档格式都使用 UTF-8。
- UTF-16LE：多字节编码的统一码（Unicode）字符。字符串中的每个字符都会使用 2 个或 4 个字节进行编码。
- Latin-1：使用 ISO-8859-1 字符集，每个字符使用单个字节进行编码。不符合该范围的字符将被截断并映射到该范围内的字符。

使用以上任意一种编码将 Buffer 转换为字符串称为解码，将字符串转换为 Buffer 称为编码。

Node.js 也支持二进制数转文本的编码。二进制数转文本的编码，命名约定与上述 3 种编码方式是相反的：将 Buffer 转换为字符串通常称为编码，将字符串转换为 Buffer 称为解码。

- Base64：一种基于 64 个可打印字符来表示二进制数据的方法，Base64 编码的字符串中包含的空白字符（例如空格、制表符和换行符）会被忽略。
- Base64URL：一种用于 URL 的改进型 Base64 编码。当从字符串创建 Buffer 时，此编码也将正确接收常规 Base64 编码的字符串。当将 Buffer 编码为字符串时，此编码将忽略填充。
- Hex：将每个字节编码成两个十六进制的字符，当解码不完全由偶数个十六进制字符组成的字符串时，可能会发生数据截断。

Node.js 还支持旧版字符编码，如 ASCII、Binary 和 UCS2。如果未指定字符编码，则默认使用 UTF-8。Node.js 缓存区接受它们接收到的编码字符串的所有大小写变体。

2. 常用的 Buffer 类 API

在 Node.js 中，Buffer 与二进制数据的交互和操作是通过 Buffer 类进行的。Buffer 类是一个可以在任何模块中使用的全局类，无须引入即可直接使用。它可以使用多种方式创建实例，这里主要介绍以下几种方式。

（1）Buffer.alloc(size[, fill[, encoding]])。

返回一个 size 个字节空间大小的 Buffer 实例，如果没有设置 fill，则 Buffer 将以零填充。

（2）Buffer.from(array)。

将参数中的数组转换为 Buffer 实例，返回一个内容对应于数组元素的 Buffer 实例，数组元素只能是数字，值一般在 0 到 255 之间。若数组元素值大于 256，进行元素值和 256 的取余运算。

（3）Buffer.from(arrayBuffer[, byteOffset[, length]])。

返回一个 arrayBuffer 的视图，无须复制底层内存。

（4）Buffer.from(buffer)。

将传入的 buffer 数据复制到新的 Buffer 实例，并返回一个新的 Buffer 实例。

（5）Buffer.from(string[, encoding])。

返回一个被 string 值初始化的新的 Buffer 实例。

参数说明如下。

- size：整数，新的 Buffer 所需的长度，表示分配字节空间的大小。
- fill：用于预填充新 Buffer 的值，默认值为 0。

- encoding：字符的编码方式，默认值为"utf-8"。
- array：只接收 0～255 的整数。
- arrayBuffer：表示通用的、固定长度的原始二进制数据缓冲区。
- byteOffset：要暴露的第一个字节的索引，默认值为 0。
- length：要暴露的字节数。
- buffer：要从中复制数据的现有 Buffer。
- string：编码的字符串。

【示例 3.5】使用 Buffer.alloc()方法创建 Buffer 实例。

```
var buffer1 = Buffer.alloc(5);
var buffer2 = Buffer.alloc(5,'a');
// 1个汉字占 3 个字节空间大小
var buffer3 = Buffer.alloc(6,'文件','utf-8');
var buffer4 = Buffer.alloc(4,'文件','utf-8');
var buffer5 = Buffer.alloc(9,'文件','utf-8');
console.log(buffer1);
console.log(buffer2);
console.log(buffer3,buffer3.toString());
console.log(buffer4,buffer4.toString());
console.log(buffer5,buffer5.toString());
```

运行结果：

```
<Buffer 00 00 00 00 00>
<Buffer 61 61 61 61 61>
<Buffer e6 96 87 e4 bb b6> 文件
<Buffer e6 96 87 e4> 文�
<Buffer e6 96 87 e4 bb b6 e6 96 87> 文件文
```

【代码分析】

buffer1 为一个 5 字节大小的 Buffer 实例，由于 fill 参数没有设置，默认用 0 填充，因此结果为值为 0 的 5 个字节大小的 Buffer。

buffer2 为一个以字母"a"填充的 5 字节大小的 Buffer 实例，字符"a"的 ASCII 值的十六进制数是 61，因此结果为值为 61 的 5 个字节大小的 Buffer。

buffer3 为一个以汉字"文件"填充的 6 字节大小的 Buffer 实例，一个汉字占 3 个字节，2 个汉字刚好占了 6 个字节，因此结果为值为汉字"文件"对应的十六进制数的 6 个字节大小的 Buffer，将其通过 toString()方法转换成字符之后为"文件"。

buffer4 为一个以汉字"文件"填充的 4 字节大小的 Buffer 实例，2 个汉字占了 6 字节，但是只分配了 4 个字节空间，因此，结果为值为汉字"文件"对应的十六进制数截断成的 4 字节 Buffer。toString()方法只将前 3 个字节对应的"文"成功转换，而后面 1 个字节无法被识别，显示为乱码。

buffer5 为一个以汉字"文件"填充的 9 字节大小的 Buffer 实例，2 个汉字占了 6 字节，但是分配了 9 个字节空间，为 3 个汉字的大小，因此，结果为值为汉字"文件"对应的十六进制数填充成的 9 字节大小的 Buffer。toString()方法将其转换成字符之后为"文件文"。

【示例 3.6】使用 Buffer.from()方法创建 Buffer 实例。

```
var str = "I love Node.js!";
```

```
var buffer = Buffer.from(str);
console.log(buffer,buffer.toString());
```

运行结果：

```
<Buffer 49 20 6c 6f 76 65 20 4e 6f 64 65 2e 6a 73 21> I love Node.js!
```

【代码分析】

通过 Buffer.from(string[, encoding])方法创建了一个填充内容为字符串"I love Node.js!"的 Buffer 实例。在控制台中输出了 buffer 的内容以及 buffer 值转换后的字符串。字符串 str 共 15 个字符，因此，buffer 中填充了字符串转换成的 15 字节大小的十六进制数据。同时，将 buffer 中的数据转换为字符之后，为原始的字符串"I love Node.js!"。

3.5.2　文件读操作

使用 fs 模块对文件进行读操作有多种方法，这里主要介绍 readFile()的使用方法。

异步读取文件 readFile()方法的语法为：

微课视频

文件读取与写入

fs.readFile(path [, options], callback)

参数说明如下。

- path：文件名或文件描述符，必选。
- options：可选参数，主要有以下选项。
- ✧　encoding：编码方式，默认值为 null。
- ✧　flag：文件系统标志，默认值为"r"（只读）。
- ✧　signal：允许中止正在进行的读取文件操作。
- callback：回调函数，包含错误信息参数 err 和返回的读取文件的内容 data。

注意：

（1）任何指定的文件描述符都必须支持读取。

（2）如果将文件描述符指定为 path，它将不会自动关闭。

（3）从当前位置开始读取文件。例如，如果文件内容为"Hello World"，使用文件描述符读取了 6 个字节，那么，使用 fs.readFile() 方法对相同文件描述符读取文件时，将得到"World"，而不是"Hello World"。

（4）fs.readFile()会缓冲整个文件。中止正在进行的请求不会中止单个操作系统请求，而是中止内部缓冲的 fs.readFile()方法的执行。

【示例 3.7】读取文件 news.txt。

news.txt-即将读取其内容的文本文件。

```
[05-16] 企业质量诚信经营承诺书
[04-28] 匠心专注，严格抽检中获五星好评
[04-09] 公司组织员工积极参与运动会
[03-12] 热烈祝贺我公司顺利通过省高新技术企业认定
[02-08] 党支部成员补种景观树
```

异步读取文件 news.txt 的内容：

```
var fs = require('fs');
fs.readFile('news.txt',function(err,data){
```

```
    if(err){
        console.log(err);
    }else{
        console.log("读取文件成功");
        console.log(data);
        console.log(data.toString());
    }
});
```

运行结果：

```
读取文件成功
<Buffer 5b 30 35 2d 31 36 5d 20 e4 bc 81 e4 b8 9a e8
[05-16] 企业质量诚信经营承诺书
[04-28] 匠心专注，严格抽检中获五星好评
[04-09] 公司组织员工积极参与运动会
[03-12] 热烈祝贺我公司顺利通过省高新技术企业认定
[02-08] 党支部成员补种景观树
```

【代码分析】

首先，引入 fs 模块；然后，使用 readFile()方法异步读取文件 news.txt 中的内容；最后，在回调函数中判断文件读取是否异常，如果文件读取出错，则输出具体的错误信息 err，如果正常读取，将返回的文件内容数据传入参数 data 中，并在控制台中输出"读取文件成功"、参数 data 中存储的 buffer 缓存区的十六进制数据、十六进制数据转换成的字符串，即文件中的全部字符。

3.6　任务实现

根据任务描述，实现商品信息的表格形式输出主要需要以下 3 步。

第一步，读取出文件 products.txt 中的商品信息数据。

第二步，将读取出的文件 buffer 转换为字符串，以换行符"\n"作为分隔对字符串进行切片，得到包含每个商品信息的数组。

第三步，遍历数组，对每一行的商品信息进行提取，包括名字、大小和价格，以构建每个商品信息对象，将商品信息对象存入数组后，在控制台中以表格形式输出该数组。

3.6.1　准备数据文件

在站点根目录下创建文本文件 products.txt，在文件中输入商品信息数据。

products.txt-商品信息文本文件。

```
PC005-3A, 101mm, 108
PC008-1 with diode, 93mm, 216
PC008-3A, 99mm, 295
```

文件 products.txt 中共 3 行，每一行存储了一个商品的名字、大小和价格。

3.6.2　读取文件

在站点根目录下编写程序 readFile.js，将文本文件 products.txt 中的内容读取出来，并以表格的形式输出在控制台。

```
var fs = require('fs');
```

```
fs.readFile('products.txt', function(err, data) {
    if(err) {
        console.log(err);
    } else {
        console.log('读取成功! ');
        // data 是异步读取文件的缓冲数据 buffer
        // 按照换行符切片后得到商品信息数组，数组的每个元素是一个商品信息的字符串
        var lines = data.toString().split('\n');
        var products = [];  // 空数组
        for(i = 0; i < lines.length; i++) { // 遍历商品信息数组
            var arr = lines[i].split(', '); // 获取商品的三部分信息，返回数组
            var obj = {                      // 构建每个商品信息对象
                'name': arr[0],
                'size':arr[1],
                "price": arr[2]
            };
            products.push(obj);             // 将每个商品信息对象存入数组
        }
        console.table(products);            // 输出商品信息表格
    }
});
```

运行结果:

```
读取成功!
┌─────────┬─────────────────────────┬─────────┬─────────┐
│ (index) │          name           │  size   │  price  │
├─────────┼─────────────────────────┼─────────┼─────────┤
│    0    │       'PC005-3A'        │ '101mm' │ '108\r' │
│    1    │ 'PC008-1 with diode'    │ '93mm'  │ '216\r' │
│    2    │       'PC008-3A'        │ '99mm'  │  '295'  │
└─────────┴─────────────────────────┴─────────┴─────────┘
```

【代码分析】

首先，引入 fs 模块，使用 readFile()方法异步读取文件 products.txt 的内容；然后，在回调函数中判断文件读取是否异常，如果文件读取出错，则输出具体的错误信息 err，如果正常读取，将返回的文件内容数据传入回调函数的参数 data 中，在控制台中输出"读取成功!"，并将文件内容以表格形式输出。

在回调函数中，参数 data 中存储了读取出的文件 products.txt 的十六进制 buffer 数据。为了对其进行处理后以表格形式输出，先使用 toString()方法将十六进制数据转换成字符串，并使用 split()方法以换行符"\n"对该字符串进行切片，得到商品信息数组，该数组的每个元素都是文本文件 products.txt 中的一行数据，即一个商品的信息形成的字符串；再使用 for 循环语句遍历该数组，对数组中的每个元素（即商品信息字符串）以"，"为分隔符进行切片，得到每个商品的名字、大小和价格形成的新数组；接着以新数组的每个元素为值构建商品信息对象，将每个商品信息对象存入 products 数组；最后使用 console.table()语句在控制台中输出表格形式的商品信息。

任务 3　遍历图片文件夹

3.7　任务描述

在站点文件夹下建立一子文件夹 img，子文件夹中有 4 个扩展名为.jpg 的图片和 1 个扩展名为.gif 的图片，站点文件夹目录如图 3-6 所示。编写主程序 readDir.js 遍历 img 文件夹，删除文件夹中扩展名为.gif 的所有文件。

图 3-6　站点文件夹目录

3.8　支撑知识

在一些应用开发中，程序可能需要根据实际运行情况自动操作目录，此时可以使用 fs 模块提供的有关目录创建、读取、删除等功能的方法。例如，在一个作业管理系统中，根据用户注册的账号，在磁盘上自动创建一个同名的文件夹，用以存放用户上传的作业，无法事先手动来创建这个文件夹，因为不知道哪些用户会注册并使用系统，用户注册后再手动创建也非常不现实，这时可以通过编写程序来自动创建。

3.8.1　目录创建

在 Node.js 中，使用 fs 模块不仅可以对文件进行读取、写入等操作，还可以对目录进行创建、遍历等操作。

异步创建目录的 mkdir()方法的语法为：

```
fs.mkdir(path [, options], callback)
```

参数说明如下。

- path：将要创建目录的路径，必选。
- options：可选参数，主要有以下选项。
  ◇ recursive：指定是否以递归的方式创建目录，默认值为 false。
  ◇ mode：设置的目录权限，默认值为 0777。Windows 操作系统不支持该选项。
- callback：回调函数，包含参数 err 和 path。参数 err 表示错误信息参数；参数 path 表示当创建目录 recursive 为 true 时，创建的第一个目录的路径。

如果要创建的目录已存在，mkdir() 方法在 recursive 为 true 时不会报错，回调函数返回的 path 为 undefined；在 recursive 为 false 时会报错，提示目录已存在。

如果要创建的目录不存在，mkdir() 方法在 recursive 为 true 时不会报错，返回的 path 为创建的第一个目录的路径；在 recursive 为 false 时，创建非递归目录，返回的 path 为 undefined。

【示例 3.8】在站点文件夹下创建目录 temp/data。

```
var fs = require('fs');
fs.mkdir('temp/data', {recursive: true}, function(err, path) {
    if(err) {
        console.log(err);
    } else {
        console.log("目录创建成功");
        console.log(path);
    }
});
```

运行结果：

目录创建成功

D:\NodeCode_book\chapter03-fs\task3\temp

再次运行该示例代码。

运行结果：

目录创建成功

undefined

在站点文件夹下创建目录 temp/data 后，如图 3-7 所示。

图 3-7　创建 temp/data 目录后站点文件夹的目录

【代码分析】

　　首先使用 mkdir()方法在当前路径下创建目录"temp/data"，由于创建的目录为递归目录，因此，将选项 recursive 设置为 true；然后在回调函数中判断目录创建是否异常，如果目录创建出错，则输出具体的错误信息 err，如果正常创建，在控制台中输出"目录创建成功"，并输出创建的第一个目录的路径，也就是 temp 文件夹的完整路径，而非 temp/data 的完整路径。

　　再次运行"示例 3.8"，由于已经存在 temp/data 目录，而且 recusive 被设为了 true，因此，在控制台显示了"目录创建成功"，回调函数返回的参数 path 为 undefined。

　　读者可以将 recursive 选项设为 false，尝试目录存在或不存在时新建目录是否报错，并观察回调函数中参数 path 的返回值。

3.8.2　目录读取

　　使用 fs 模块对目录进行读取操作有多种方法，这里主要介绍 readdir()的使用方法。

　　异步读取目录的 readdir()方法的语法为：

```
fs.readdir(path [, options], callback)
```

参数说明如下。

- path：将要读取目录的路径，必选。
- options：可选参数，主要有以下选项。
  ◇ encoding：编码方式，默认值为"utf-8"。
  ◇ withFileTypes：指定是否将文件作为"fs.Dirent"对象返回，默认值为 false。
- callback：回调函数，包含参数 err 和 files。参数 err 表示具体的错误信息，参数 files
表示目录中文件名的数组，不包括"."和".."。

【示例 3.9】读取文件夹 task3 下的子文件夹和文件。

```
var fs = require('fs');
fs.readdir('../task3', function(err, files){
    if(err) {
        console.log(err);
    } else {
        console.log(files);
    }
});
```

运行结果：

```
[ 'img', 'readDir.js', 'temp', '示例3.8.js', '示例3.9.js' ]
```

【代码分析】

首先使用 readdir()方法读取上级目录中的 task3 文件夹；然后在回调函数中判断目录读取
是否异常，如果目录读取出错，则输出具体的错误信息 err，如果正常读取，在控制台中输出
回调函数中参数 files 的值，该值是一个数组，数组中的元素为 task3 文件夹下的所有子文件
夹名和其中包含的文件名。

3.8.3 目录和文件删除

在 Node.js 中，fs 模块提供了多种方法删除目录和文件。这里主要介绍其中两种方法：
rmdir()方法和 unlink()方法。

1. 异步删除目录的 rmdir()方法

异步删除目录的 rmdir()方法的语法为：

```
fs.rmdir(path [, options], callback)
```

- path：将要删除目录的路径，必选。
- options：可选参数，主要有以下选项。
  ◇ maxRetries：表示重试次数。如果遇到 EBUSY、EMFILE、ENFILE、ENOTEMPTY
或 EPERM 错误，Node.js 将在每次尝试时以 retryDelay 毫秒的线性退避等待时间重试该操作。
如果 recursive 选项不为 true，则忽略此选项。默认值为 0。
  ◇ recursive：指定是否以递归的方式删除目录，默认值为 false。如果为 true，则执行递
归删除目录。在递归模式下，操作将在失败时重试。
  ◇ retryDelay：重试之间等待的时间（以毫秒为单位），默认值为 100。如果 recursive 选
项不为 true，则忽略此选项。
- callback：回调函数，只包含错误信息参数 err。

2. 异步删除文件的 unlink()方法

异步删除文件的 unlink()方法的语法为：

`fs.unlink(path, callback)`

- path：将要删除文件的路径，必选。
- callback：回调函数，只包含错误信息参数 err。

unlink()方法用来删除文件，不适用于任何目录的删除，无论是空目录还是其他目录。如果需要删除目录则使用 rmdir()方法。

【示例 3.10】删除站点文件夹 task3 下的目录 temp/data。

```
var fs = require('fs');
fs.readdir('../task3', function(err, files) {
    if(err) {
        console.log(err);
    } else {
        console.log(files);
        // 递归删除 temp 文件夹下的所有子文件夹和文件
        fs.rmdir('temp', {recursive: true}, function(err1) {
            if(err1) {
                console.log(err1);
            } else {
                console.log('成功删除目录');
                fs.readdir('../task3', function(err2, files2) {
                    if(err2) {
                        console.log(err2);
                    } else {
                        console.log(files2);
                    }
                });
            }
        });
    }
});
```

运行结果：

```
[ 'img', 'readDir.js', 'temp', '示例 3.10.js', '示例 3.8.js', '示例 3.9.js' ]
成功删除目录
[ 'img', 'readDir.js', '示例 3.10.js', '示例 3.8.js', '示例 3.9.js' ]
```

【代码分析】

首先使用 readdir()方法读取文件夹 task3，返回一个数组 files，数组中的元素为 task3 文件夹下的所有子文件夹名和其中包含的文件名；然后使用 rmdir()方法删除 temp 文件夹，由于将 recursive 选项设为 true，因此会递归删除 temp 文件夹下所有的子文件夹和文件；最后在回调函数中判断目录删除是否异常，如果目录删除出错，则输出具体的错误信息 err1，如果正常删除，在控制台中输出"成功删除目录"，再次使用 readdir()方法读取文件夹 task3，返回一个数组 files2，数组中的元素为 task3 文件夹下的所有子文件夹名和其中包含的文件名。从运行显示的两个数组对比结果可以看到，temp 文件夹已经被成功删除了。

3.9 任务实现

根据任务描述，实现 img 文件夹下扩展名为.gif 文件的删除，需要以下 3 步。

第一步，读取文件夹 img 下的文件名和子文件夹名。

第二步，判断文件名和子文件夹名是否以 ".gif" 为扩展名。

第三步，将扩展名为.gif 的文件删除。

微课视频

读取目录

3.9.1 准备目录文件

在站点根目录下建立文件夹 img，在该文件夹中创建 5 个文件：1.jpg、2.jpg、3.jpg、4.jpg 和 a.gif。

3.9.2 删除扩展名为.gif 的文件

在站点根目录下编写程序 readDir.js 读取文件夹 img 中的文件名和子文件夹名，如果文件扩展名为.gif，则将其删除。

```
var fs = require('fs');
var path = require('path');
fs.readdir('img', function(err1, files){  // 读取文件夹 img
    if(err1) {
        console.log(err1);
    } else {
        // 遍历 files 数组，获取文件夹 img 下的文件名和子文件夹名
        files.forEach(function(file){
            console.log(file);
            if(path.extname(file) == '.gif') { // 获取扩展名为.gif 的文件
                // 删除扩展名为.gif 的文件
                fs.unlink('img/' + file, function(err2){
                    if(err2) {
                        console.log(err2);
                    }else{
                        console.log(file,"文件删除成功");
                    }
                });
            }
        });
    }
});
```

运行结果：

```
1.jpg
2.jpg
3.jpg
```

```
4.jpg
a.gif
文件删除成功
```

【代码分析】

首先，引入 fs 模块和 path 模块；然后，使用 readdir() 方法读取文件夹 img，并判断目录读取是否异常：如果目录读取出错，则输出具体的错误信息 err1，如果正常读取，则将读取到的文件夹 img 下的文件名和子文件夹名作为元素存储到回调函数的参数 files 数组中，再使用 files.forEach() 方法遍历 files 数组，并对数组中的每个元素进行操作。

在循环遍历 files 数组时，首先在控制台中输出数组的每个元素 file，即文件名/子文件夹名，然后通过 path.extname() 方法获取每个元素的扩展名，并判断扩展名是否为 ".gif"。如果扩展名为 ".gif"，则使用 unlink() 方法删除文件夹 img 下的这个文件，删除文件异常会返回报错信息 err2，删除文件成功则在控制台中输出 "文件删除成功"。

运行程序 readDir.js 后，我们可以发现，文件夹 img 下的 a.gif 文件已经被删除，如图 3-8 所示。

图 3-8 删除 a.gif 文件后的站点根目录

原文件夹 img 下只有一个名为 a.gif 的文件，程序运行后成功删除了该文件，但是，如果文件夹 img 下有一个名为 b.gif 的子文件夹，运行程序 readDir.js 后，文件 a.gif 和子文件夹 b.gif 都能被删除吗？如果不能，请大家尝试修改程序 readDir.js 完成文件 a.gif 和子文件夹 b.gif 的删除。

拓展实训——JSON 文件数据管理

1. 实训需求

综合使用 fs 模块的多个方法对 JSON 文件的内容进行读取、添加、修改和删除操作。要求如下。

（1）创建 JSON 文件 order.json。

```
[
    {
        "id":1,
        "name": "PC005-3A",
        "price": 108
    },
```

```
    {
        "id":2,
        "name": "PC008-1 with diode",
        "price": 216
    },
    {
        "id":3,
        "name": "PC008-3A",
        "price": 295
    }
]
```

创建后，将文件 order.json 中的商品信息数据读取出来，在控制台中输出。

（2）将下列数据添加到文件 order.json 中数组末尾。

```
{
    "id": 4,
    "name": "PC008-3ZZZ",
    "price": 222
}
```

（3）将文件 order.json 中 id 为 2 的商品名 name 修改为 "PC008-1D"。

（4）删除文件 order.json 中 id 为 3 的商品信息对象。

2. 实训步骤

（1）创建 order.json 文件，并在该文件中输入商品信息数组。

（2）对文件 order.json 中的数据进行读取、添加、修改和删除。

① 创建 read_json.js 文件，使用 readFile()方法读取 order.json 文件中的商品信息数组。

② 创建 add_json.js 文件，先使用 readFile()方法读取 order.json 文件中的商品信息数组，再使用 push()方法在该数组中添加新的商品信息对象，最后使用 writeFile()方法将添加新商品信息对象后的数组覆盖写入 order.json 文件。

③ 创建 update_json.js 文件，先使用 readFile()方法读取 order.json 文件中的商品信息数组，再遍历该数组找到 id 为 2 的商品信息对象，将其对象属性"name"对应的值修改为"PC008-1D"，最后使用 writeFile()方法将修改商品信息后的数组写入 order.json 文件。

④ 创建 delete_json.js 文件，先使用 readFile()方法读取 order.json 文件中的商品信息数组，再遍历该数组找到 id 为 3 的商品信息对象，使用 splice()方法将其从数组中删除，最后使用 writeFile()方法将删除 id 为 3 的商品信息后的数组写入 order.json 文件。

站点文件夹"拓展实训"的目录如图 3-9 所示。

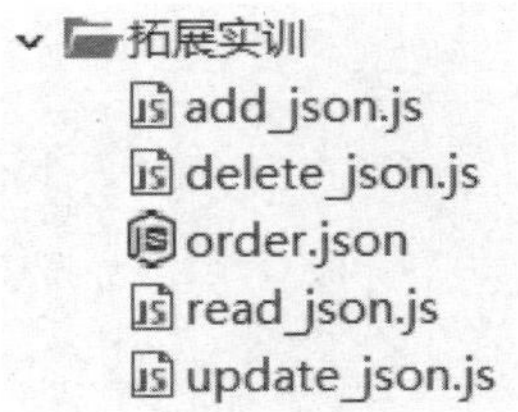

```
∨ 📂 拓展实训
    📄 add_json.js
    📄 delete_json.js
    📄 order.json
    📄 read_json.js
    📄 update_json.js
```

图 3-9   站点文件夹"拓展实训"的目录

3. 实现过程

（1）在站点根目录下面创建 JSON 文件 order.json，在文件中输入商品信息数组。

order.json-商品信息 JSON 文件。

```
[
    {
        "id":1,
        "name": "PC005-3A",
        "price": 108
    },
    {
        "id":2,
        "name": "PC008-1 with diode",
        "price": 216
    },
    {
        "id":3,
        "name": "PC008-3A",
        "price": 295
    }
]
```

【代码分析】

商品信息 JSON 文件 order.json 中的数组共有 3 个商品信息对象，每个对象都存储了商品的 id、name 和 price。

（2）编写程序 read_json.js，对 JSON 文件 order.json 中的商品信息进行读取。

```
var fs = require('fs');
let orders = [];
// 需求：将文件 order.json 中的商品信息数据读取出来，在控制台中输出
console.log('---------------------- 异步读取 JSON ----------------------');
fs.readFile('order.json', 'utf-8', function(err, data) {
    orders = JSON.parse(data);  // Buffer 转 JSON 对象
    console.log(orders);
});
```

运行结果：

```
---------------------- 异步读取JSON ----------------------
[
  { id: 1, name: 'PC005-3A', price: 108 },
  { id: 2, name: 'PC008-1 with diode', price: 216 },
  { id: 3, name: 'PC008-3A', price: 295 }
]
```

【代码分析】

使用 fs 模块的 readFile()方法异步读取当前目录下 order.json 中的内容，将读取出的文件 buffer 数据存储到参数 data 中，使用 JSON.parse()方法将其转换为 JavaScript 对象并在控制台中输出。

（3）编写程序 add_json.js，对 JSON 文件 order.json 添加商品信息数据。

```
var fs = require('fs');
let orders = [];
// 需求：将 goods 添加到文件 order.json 中数组的末尾
let goods = {
    "id": 4,
    "name": "PC008-3ZZZ",
    "price": 222
};
console.log('------------------ 向 JSON 文件中添加数据-------------------');
// 定义添加数据的函数 addOrder()
function addOrder(goods) {
    fs.readFile('./order.json', function(err, data) {
        if(err) {
            console.log(err);
        } else {
            // 将读取出的文件 buffer 十六进制数据转换为字符串
            var order = data.toString();
            order = JSON.parse(order); // 将字符串转换为 JavaScript 对象
            order.push(goods); // 将新添加的商品信息对象添加进数组中
            // 把 JavaScript 对象转换成字符串写入 JSON 文件
            var str = JSON.stringify(order);
            fs.writeFile('./order.json', str, function(err) {
                if(err) {
                    console.log(err);
                } else {
                    console.log('~~~~~~~~~添加数据成功~~~~~~~~~~');
                }
            });
        }
    });
}
```

```
addOrder(goods) // 调用添加数据的函数;
```

运行结果：

```
------------------ 向JSON文件中添加数据-------------------
~~~~~~~~~添加数据成功~~~~~~~~~~
```

order.json-添加数据后的商品信息 JSON 文件。

```
[{"id":1,"name":"PC005-3A","price":108},{"id":2,"name":"PC008-1 with
diode","price":216},{"id":3,"name":"PC008-3A","price":295},{"id":4,"name":
"PC008-3ZZZ","price":222}]
```

【代码分析】

首先，定义即将添加到 JSON 文件的数据对象 goods；然后，定义添加商品数据的函数

addOrder()，形参 goods 为即将添加的商品对象；最后，调用该函数向 JSON 文件添加商品。

在函数 addOrder()中，首先使用 readFile()方法异步读取文件 order.json 的内容，并在回调函数中，将读取出的文件 buffer 数据存储到参数 data 中；然后通过 toString()方法将数据转换为字符串，再使用 JSON.parse()方法将字符串转换为对象；接着，使用 push()方法将商品对象 goods 添加到数组 order 中。由于 writeFile()方法只能将字符串、buffer 等写入文件，因此，将数组 order 转换为字符串后使用 writeFile()方法写入文件 order.json，并在控制台中输出提示信息。

（4）编写程序 update_json.js，将 JSON 文件 order.json 中 id 为 2 的商品 name 属性修改为"PC008-1D"。

```javascript
var fs = require('fs');
let orders = [];
// 需求：将 id 为 2 的商品名 name 改为 "PC008-1D"
console.log('-------------------- 修改 JSON 文件中的数据--------------------');
var params = {
    "name": "PC008-1D"
}
// 定义修改商品信息的函数 changeJson()
function changeJson(id, params) {
    fs.readFile('./order.json', function(err, data) {
        if(err) {
            console.log(err);
        } else {
            var order = data.toString();
            order = JSON.parse(order);
            // 遍历读取的商品信息数组，找到 id 为指定值的对象，并修改该对象 name 属性的值
            for(var i = 0; i < order.length; i++) {
                if(id == order[i].id) {
                    for(var key in params) {
                        if(order[i][key]) {
                            order[i][key] = params[key];
                        }
                    }
                }
            }
            // 修改后的商品信息数组转换为字符串后写入 JSON 文件
            var str = JSON.stringify(order);
            fs.writeFile('./order.json', str, function(err) {
                if(err) {
                    console.log(err);
                } else {
                    console.log('~~~~~~~~~修改成功~~~~~~~~~');
                }
            }
        });
```

```
        }
    });
}
```

```
changeJson('2', params); // 调用修改数据的函数
```

运行结果：

```
-------------------- 修改JSON文件中的数据--------------------
~~~~~~~~~~修改成功~~~~~~~~~~
```

order.json-修改数据后的商品信息 JSON 文件。

```
[{"id":1,"name":"PC005-3A","price":108},{"id":2,"name":"PC008-1D","price":
216},{"id":3,"name":"PC008-3A","price":295},{"id":4,"name":"PC008-3ZZZ","pric
e":222}]
```

【代码分析】

首先，定义对象 params 以存储即将要修改的属性 name 及其对应的值；然后，定义修改商品信息数据的函数 changeJson()，参数 id 为即将修改信息的商品 id，参数 params 为即将修改的属性及其对应值形成的对象；最后，调用该函数将 id 为 2 的商品信息对象的属性 name 的值，修改为已定义的对象 params 中该属性对应的值。

在函数 changeJson() 中，首先使用 readFile() 方法异步读取文件 order.json 的内容，并在回调函数中，将读取出的文件 buffer 数据存储到参数 data 中；然后通过 toString() 方法将数据转换为字符串，再使用 JSON.parse() 方法将字符串转换为对象后存储到数组 order 中；接着，遍历数组 order 的各个元素（即各个商品信息对象），当传入参数 id 值与元素的属性 id 值相同时，遍历参数 params 对象中的各个属性，如果该属性在元素属性中存在，则将元素属性对应的值修改为 params 对象属性的值；最后，将修改后的商品信息数组 order 转换为字符串，使用 writeFile() 方法覆盖写入文件 order.json，并在控制台中输出提示信息。

（5）编写程序 delete_json.js，删除 JSON 文件 order.json 中 id 为 3 的商品信息对象。

```
var fs = require('fs');
let orders = [];
// 需求：删除 id 为 3 的商品信息对象
console.log('-------------------- 删除 JSON 文件中指定的数据--------------------');
// 定义删除商品信息的函数 deleteJson()
function deleteJson(id) {
    fs.readFile('./order.json', function(err, data) {
        if(err) {
            console.log(err);
        } else {
            var order = data.toString();
            order = JSON.parse(order);
            // 把 JSON 文件中的数据读取出来，删除指定 id 的商品信息对象
            for(var i = 0; i < order.length; i++) {
                if(id == order[i].id) {
                    order.splice(i, 1);
                }
```

```
        }
        // 将删除指定 id 的商品信息对象后的数组转换为字符串写入 JSON 文件
        var str = JSON.stringify(order);
        fs.writeFile('./order.json', str, function(err) {
            if(err) throw err;
            console.log("~~~~~~~~~删除成功~~~~~~~~~");
        });
    }
  });
}


deleteJson('3');
```

运行结果：

----------------------- 删除JSON文件中指定的数据--------------------
~~~~~~~~~删除成功~~~~~~~~~

order.json-删除数据后的商品信息 JSON 文件。

```
[{"id":1,"name":"PC005-3A","price":108},{"id":2,"name":"PC008-1D","price":
216},{"id":4,"name":"PC008-3ZZZ","price":222}]
```

【代码分析】

　　首先定义删除商品信息数据的函数 deleteJson()，函数的参数 id 为即将删除商品对象的 id；最后，调用该函数删除 id 为 3 的商品信息对象。

　　在函数 deleteJson()中，首先使用 readFile()方法异步读取文件 order.json 的内容，并在回调函数中，将读取出的文件 buffer 数据存储到参数 data 中；然后通过 toString()方法将 data 中存储的数据转换为字符串，再使用 JSON.parse()方法将字符串转换为 JavaScript 对象后存储到数组 order 中；接着，遍历数组 order 的各个元素（即各个商品信息对象），当传入参数 id 值与元素的属性 id 值相同时，使用 splice()方法删除该 id 的元素；最后，将删除指定商品信息后的数组 order 转换为字符串，使用 writeFile()方法异步覆盖写入文件 order.json，并在控制台中输出提示信息。

单元小结

　　本单元主要介绍了同步编程和异步编程的基本概念、buffer 缓存区、文件和目录的操作。希望通过对本单元的学习，读者能够掌握使用 fs 模块对文件进行读取、写入和删除的方法，以及使用 fs 模块对目录进行创建、读取等操作。

单元习题

一、填空题

1. Node.js 中主要使用（　　　）模块对文件系统进行操作。
2. Node.js 实现异步编程的方法主要有（　　　）、Promise、流程控制库等。
3. 回调函数一般包含两个参数：参数（　　　）和参数 data。
4. Node.js 定义了（　　　）类，用来创建存放二进制数据的缓存区。

5.（　　　）编程方式可以提高程序的性能和速度，避免单线程阻塞等情况的发生。

二、单选题

1. 创建目录使用 fs 模块的（　　　）方法。

   A. rmdir   B. readdir   C. readdirSync   D. mkdir

2. Node.js 中使用（　　　）方法来进行文件的覆盖写入。

   A. writeFile()   B. appendFile()   C. readFile()   D. unlink()

3. 下面关于异步编程的说法中，错误的是（　　　）。

   A. 编程效率相对较高   B. 系统资源利用率相对较高

   C. 可避免单线程阻塞的情况发生   D. 任务按顺序执行

4. 使用 fs 模块可以对文件系统进行同步和异步操作，一般，同步操作方法的方法名后有关键字（　　　）。

   A. Sync   B. Time   C. On   D. While

5. 在 Node.js 中，想要用递归的方式创建目录，必须指定参数（　　　）。

   A. recursive：false   B. recursive：true

   C. withFileTypes：false   D. withFileTypes：true

三、简答题

1. 请简述同步编程和异步编程的特点。

2. 请简述 Buffer 缓存区的作用。

3. 请简述回调函数的作用。

单元 ❹ 构建 Web 应用

本单元主要介绍 HTTP 的工作原理、Web 服务器构建以及客户端与服务器间的数据交互。通过对本单元的学习，读者可掌握 http 模块、url 模块和 path 模块的使用、路由控制以及 AJAX 请求的处理，深入理解 Web 应用的工作原理和过程。

1. 知识目标

（1）了解 HTTP 的工作原理。
（2）了解请求头和响应头各个参数的意义。
（3）掌握路由控制的概念。
（4）掌握常见的前后端数据交互处理方法。

2. 能力目标

（1）能够使用 http 模块创建 Web 服务器。
（2）能够使用路由处理不同 URL 的请求。
（3）能够在客户端发送 AJAX 请求。
（4）能够在服务端处理 AJAX 请求。

3. 素养目标

（1）在开发过程中培养读者良好的编程习惯和思维方式。
（2）培养读者发现问题、分析问题和解决问题的能力。
（3）培养读者严谨细致的作风，引导读者理解敬业、精益、专注、创新等工匠精神的基本内涵。

任务1 构建 Web 服务器

4.1 任务描述

在网络节点中，负责对外提供网络资源的计算机称为服务器，常见的 Web 服务器有 Apache、Nginx、IIs 等。在使用 Node.js 时，不需要单独安装 Web 服务器，直接使用其核心模块 http 就可以构建 Web 服务器，对外提供 Web 资源服务。

客户端是指向服务器发送请求并接收响应的软件或设备。在 Web 应用中，浏览器是客户端的一种常用形式，它可以向服务器请求网页或其他资源，并将其渲染成可视化的界面。

创建并启动一个 Web 服务器，等待客户端的请求，如图 4-1 所示。当客户端向 Web 服务器发送请求时，该服务器能够进行正确响应，返回推荐的商品信息，如图 4-2 所示。

Node.js 应用开发项目化教程（慕课版）

```
创建成功！请求地址：http://localhost:3000
listening port 3000...
```

图 4-1　Web 服务器启动后控制台显示的提示信息

图 4-2　客户端浏览器显示的商品信息

4.2　支撑知识

Web 应用是基于标准的应用层协议 HTTP，采用浏览器/服务器（Browser/Server，B/S）架构的应用程序。Node.js 为开发者提供了 http 模块，让创建 Web 应用程序变得非常便捷。在 Web 应用中，客户端和服务器之间通过 HTTP 实现通信，完成资源的请求与响应。

4.2.1　HTTP 工作原理

微课视频

HTTP

HTTP 是用于从 Web 服务器传输超文本到本地浏览器的应用层协议。该协议基于传输控制协议/互联网协议（Transmission Control Protocol/Internet Protocol，TCP/IP）传递数据（如：HTML 文件、图片文件、查询结果等），是因特网上应用极为广泛的一种网络传输协议，所有的 WWW 文件都必须遵守这个标准。

HTTP 被应用于 B/S 架构应用程序，浏览器作为 HTTP 客户端通过 URL 向 HTTP 服务端（即 Web 服务器）发送所有请求，Web 服务器收到请求后进行响应。

一个常见的 URL 格式如下所示：

```
http://www.site.com:8000/path/index.html?key1=value1&key2=value2
```

主要由以下几部分组成。

（1）协议："http://"表示使用 HTTP。目前，Web 应用中常用的有 HTTP 和超文本传输安全协议（Hypertext Transfer Protocol Secure，HTTPS）两种协议，其中，HTTPS 的 URL 以"https://"开头。

（2）域名："www.site.com"表示域名，即资源所在的 Web 服务器名。域名被域名系统（Domain Name System，DNS）解析后转换成 IP 地址，从而寻址对应的 Web 服务器。在局域网中也可以直接使用 IP 地址访问 Web 服务器。

（3）端口："8000"表示端口号为 8000。HTTP 默认端口号为 80，HTTPS 的为 443。

（4）路径："/path/"表示访问资源相对网站根目录的路径，从端口后的第一个"/"开始到最后一个"/"结束。

（5）文件名："index.html"表示访问网页对应的文件名。文件名可省略，若省略，返回 Web 服务器的默认文件。

（6）参数："？"后的"key1=value1&key2=value2"表示传输的参数。URL 中的参数用于向服务器提交 get 请求数据，每组参数都以键值对的形式存在，键和值之间使用等号"="相连，参数之间用"&"相连。

HTTP 是面向连接的，客户端通过 Internet 与 Web 服务器进行 3 次握手建立 TCP 连接；在浏览器中输入 URL 后，向对应的 Web 服务器发送 HTTP 请求；Web 服务器收到请求后进行逻辑处理，通过 HTTP 把处理后的结果响应给 Web 客户端，客户端的浏览器将返回的信息渲染显示给用户。

客户端和服务器的数据交互主要由 HTTP 请求和 HTTP 响应构成，如图 4-3 所示。

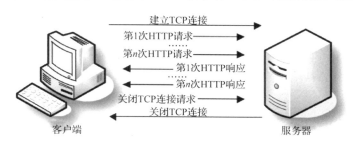

图 4-3　客户端与服务器之间的请求与响应

客户端连上服务器后，向服务器请求某个 Web 资源，称之为客户端向服务器发送一个 HTTP 请求。HTTP 响应代表服务器向客户端回送的数据。

1．HTTP 请求

HTTP 请求主要包括请求方式、请求头和请求体。

（1）请求方式

HTTP 中有 get、head、post、put、delete、connect、options 和 trace 共 8 种请求方式，用以指明对指定资源的不同操作方式。其中，常用的为 get 和 post 请求方式。

get 请求方式，一般用于从指定的资源请求数据，请求的参数和对应的值附加在 URL 中。post 请求方式，一般用于向指定的资源提交被处理的数据，如提交表单或上传文件。

（2）请求头

请求头是通知服务端的关于客户端请求的信息，常见请求头信息及其描述如表 4-1 所示。

表 4-1　常见请求头信息及其描述

序号	常见请求头信息	描述
1	Referer	浏览器通知服务器，当前请求来自何处。如果是直接访问，则不会有这个请求头。常用于防盗链
2	Cookie	存放浏览器访问不同网站的缓存信息
3	User-Agent	浏览器通知服务器关于客户端操作系统、客户端浏览器的相关信息，服务器可以通过这条信息来判断来访的用户是否为真实用户
4	Connection	客户端与服务器的连接状态。Keep-Alive 表示连接中，close 表示连接已关闭
5	Host	被请求资源所在的主机名和端口号

序号	常见请求头信息	描述
6	Content-Length	HTTP 报文消息实体的传输长度
7	Content-Type	发送的实体数据类型，格式为"类型/子类型;参数"。如果是 post 请求，默认值为"application/x-www-form-urlencoded"，表示表单提交的数据，表单中的数据以键值对的形式发送给服务器
8	Accept	客户端可识别的数据类型列表，如：text/html、text/css、text/javascript 和 image/*

（3）请求体

请求体的内容就是请求数据，请求数据是指在 POST 方法中，客户端向服务器发送的请求数据，每个参数以"键=值"的形式存在，参数之间使用"&"相连。如果请求方式为 get，请求参数直接在 URL 中进行传输。

2. HTTP 响应

HTTP 响应信息主要包括状态码、响应头和响应体。

（1）状态码

状态码清晰明了地告诉客户端本次请求的处理结果，共分为 5 类，如表 4-2 所示。

表 4-2　状态码的 5 种类型

状态码	类型	描述
1**	Informational（信息）	服务器收到请求，需要请求者继续执行操作
2**	Success（成功）	操作被成功接收并处理
3**	Redirection（重定向）	需要进一步操作以完成请求
4**	Client Error（客户端错误）	请求包含语法错误或无法完成请求
5**	Server Error（服务器错误）	服务器处理请求出错

其中，常见的状态码有：200 OK，请求成功；404 Not Found，请求的资源不存在；500 Internal Server Error，内部服务器错误；502 Bad GateWay，网关或代理服务器从远程服务器接收了无效响应。

（2）响应头

响应头是服务器响应请求时返回的相关信息，如响应文档的编码方式、响应体的传输长度、响应实体的数据类型等。

（3）响应体

响应体是 Web 服务器返回给客户端的具体数据。

微课视频

http 模块

4.2.2　使用 http 模块构建 Web 服务器

在 Node.js 中，http 模块是内置的核心模块之一，使用该模块可以轻松搭建 Web 服务器和客户端，实现 Web 应用的请求与响应。在实际应用中，http 模块一般用来构建服务器，下面详细介绍使用 http 模块构建 Web 服务器的过程。

构建 Web 服务器的基本步骤如下。

（1）引入 http 模块。

（2）创建 Web 服务器实例。

（3）启动监听服务器。

（4）为 Web 服务器实例绑定 request 事件。

（5）根据客户端请求进行响应。

下面结合代码详细介绍具体实现过程。

1. 引入 http 模块

http 模块只需要引入即可使用，语法为：

```
var http = require('http');
```

2. 创建 Web 服务器实例

使用 http 模块的 createServer()方法可以创建 Web 服务器，返回 http.Server 对象实例，语法为：

```
http.createServer()
```

可以给 Web 服务器实例命名为 server。

```
var server = http.createServer();
```

3. 启动监听服务器

在创建了 Web 服务器实例 server 后，使用其 listen()方法启动该 Web 服务器，语法为：

```
server.listen([port[, host[, backlog]]][, callback])
```

参数说明如下。

- port：端口号。
- host：主机名。
- backlog：server.listen()方法的通用参数。
- callback：Web 服务器启动后的回调函数。

4. 为 Web 服务器实例绑定 request 事件

使用 http 模块创建的 Server 实例是一个基于事件的 Web 服务器，有一个 request 事件监听器，来自客户端的 http 请求会被自动添加到 request 事件中。构建服务器的目的是对外提供资源服务，服务器构建好后，就要为服务器实例绑定 request 事件，用来监听客户端发来的请求，一旦有请求发送过来，就会触发 request 事件，服务器根据代码做出响应。绑定 request 事件的代码如下。

```
// 一旦服务器接收到请求，就触发该段代码执行
server.on("request", function(request, response) {  // 事件驱动编程
    // 这里分析请求信息，进行响应
}
```

代码中的 server.on()事件监听函数有两个参数，第一个参数 "request" 是事件名，表示只要服务器接收到客户端请求，这段代码就会被执行；第二个参数是一个回调函数，含 request 和 response 两个对象参数。request 对象封装了请求报文的相关内容，通过分析 request 对象

可以知道客户端发送的具体请求信息，包括请求方式、URL、请求头等，response 对象封装了服务器响应报文的相关内容，比如响应的字符串、响应的数据对象等。

注意：这里回调函数内的参数名 request, response 并不是固定的，有时也会简写为 req 和 res。

5. 根据客户端请求进行响应

在服务器的事件监听函数内部，通过回调函数的 response 对象响应处理客户端的请求，可以完成发送响应头、发送响应正文、结束响应等操作。response 对象的常用方法如下。

（1）response.writeHead()方法

该方法用于向请求发送响应头，语法为：

```
response.writeHead(statusCode[, statusMessage][, headers])
```

参数说明如下。

- statusCode：一个 3 位数的 HTTP 状态码，如 404。
- statusMessage：可选，用户可读的 statusMessage。
- headers：要发送的响应头。

（2）response.setHeader()方法

该方法用于设置单个响应头的值，语法为：

```
response.setHeader(name, value)
```

参数说明如下。

- name：响应头字段名称。
- value：响应头字段的值。

如果设置的字段已经存在于待发送的响应头中，则其值将被替换。

（3）response.write()方法

该方法用于发送一块响应正文，可以多次调用该方法以提供连续响应，语法为：

```
response.write(chunk[, encoding][, callback])
```

参数说明如下。

- chunk：响应主体的数据，为字符串或 Buffer。
- encoding：字符编码，默认值为"utf-8"。
- callback：回调函数。

第一次调用 response.write()方法时，它会将缓存的响应头信息和正文的第一个块发送给客户端。第二次调用 response.write() 方法时，Node.js 会假定数据将被流式传输，并单独发送新数据。也就是说，响应被缓冲到正文的第一个块。

（4）response.end()方法

该方法用于向服务器发出信号，表明所有响应头和正文都已发送，该服务器应认为此消息已完成。结束请求必须要用 end()方法，而且该方法有且只有一次。语法为：

```
response.end([data[, encoding]][, callback])
```

参数说明如下。

- data：响应主体信息，为字符串或 Buffer 缓存区，可选。
- encoding：字符编码，默认值为"utf-8"。
- callback：回调函数。

【示例 4.1】构建 Web 服务器，进行响应处理。

server.js-构建 Web 服务器。

```
var http = require("http");
var server = http.createServer(); // 创建 Web 服务器
// server 在接收到请求后，触发 request 事件，执行该段代码
server.on("request", function(requst, response) {    // 设置单个响应头的值
    response.setHeader('Content-Type', 'text/plain;charset=utf-8')
    // 向请求发送响应头
    response.writeHead(404, 'not found', {'Content-Type': 'text/plain;
charset=utf-8'});
    // 发送响应正文
    response.write("欢迎学习 Node.js! ");
    // 结束响应
    response.end();
});
server.listen(3000, function() {
    console.log("localhost:3000 listening...");
});
```

在文件当前文件夹下打开 CMD 窗口，输入以下命令启动服务器。

```
nodemon server.js
```

打开浏览器，输入服务器的地址 http://localhost:3000，意味着客户端向服务器发送了请求，服务器接收到 request 请求后，触发 server.on("request",function(request, response) {......}部分代码，进行响应。打开开发者模式查看相应信息，如图 4-4 所示。

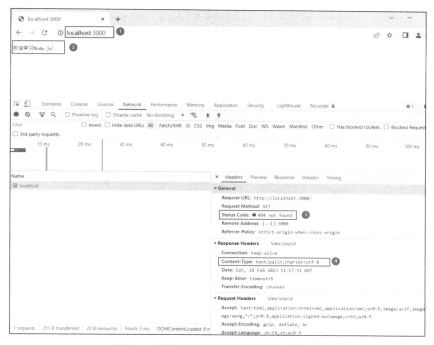

图 4-4　客户端浏览器显示的响应信息

【代码分析】

首先，使用 require()函数引入 http 模块，并使用 http.createServer()创建 Web 服务器，服务器在 request 事件发生时，也就是在接收到请求后，分别执行响应对象的 setHeader()方法以设置响应头中的"Content-Type"，writeHead()方法用于设置状态码、状态信息和响应头中的"Content-Type"，值"text/plain"表示将文件设置为纯文本格式，浏览器获取到该文本时不会对其进行处理。write()方法向客户端发送了响应的正文字符串，end()方法用于结束响应。服务器对象用于监听端口 3000，并在控制台输出对应的字符串。

注意：

- 在不设置响应报文头时，系统会将默认响应报文头发送给浏览器。而且，如果已经发送过响应报文头，就不能再通过 setHeader()方法来设置响应报文头了，否则会报错。因此，setHeader()方法要在 write()方法和 end()方法之前设置。
- setHeader()方法用于设置响应报文单个值，而 writeHead()方法可以同时用于设置响应状态码、响应状态信息、响应头内容。
- 页面若要解析 HTML 标签，要将"Content-type"设置为"text/html"。浏览器获取到服务器的响应数据后会自动调用 HTML 解析器对其进行处理。此外，页面若要显示中文，要在响应头中设置字符集为"charset=utf-8"。
- 若要停止服务器，可在运行服务器的 CMD 窗口中按"Ctrl+ C"组合键停止服务器，按两次"Ctrl+ C"组合键可以退到 CMD 命令输入状态。
- 使用 nodemon 启动服务器，更新代码后保存文件，会自动重启服务器，此时刷新页面可以看到最新响应结果。

有时，服务器需要进一步解析接收到的请求信息，以决定如何进行响应。例如，当请求的 URL 为"/"时，服务器响应主页；当请求的 URL 为"/login"时，服务器响应登录页；当请求的 URL 为"/product"时，服务器响应商品列表页等。此时，在服务器的事件监听函数内部，回调函数的 request 对象封装了客户端发送的具体请求信息，包括请求方式、URL、请求头等。根据解析 request 对象的不同属性可以知道请求的细节，然后编写程序让服务器进行不同的响应。

request 对象的常用属性如下。

（1）request.headers 属性：用于获取请求头对象，消息头名称和值为键值对的对象形式，消息头的名称均为小写。

（2）request.rawHeaders 属性：用于将原始请求/响应头完全按照收到的方式列出。消息头名称不小写，重复项不合并。

（3）request.httpVersion 属性：在服务器请求的情况下，该属性用于表示客户端发送的 HTTP 版本。在客户端响应的情况下，该属性用于表示连接到服务器的 HTTP 版本，可能是 1.1 或 1.0。

（4）request.method 属性：用于获取请求方式的字符串，只读，如"GET""POST"，仅适用于从 http.Server 获得的请求。

（5）request.url 属性：用于获取请求的 URL 字符串，仅包含实际 HTTP 请求中存在的 URL。仅适用于从 http.Server 获得的请求。

（6）request.statusCode 属性：用于获取或设置 3 位 HTTP 响应状态码，如 404。仅适用于从 http.ClientRequest 获得的响应。

（7）request.statusMessage 属性：用于获取或设置 HTTP 响应状态消息，如 OK 或 Internal Server Error。仅适用于从 http.ClientRequest 获得的响应。

【示例 4.2】服务器解析客户端请求，查看请求信息。

server_req.js-服务器解析请求。

```
var http = require('http');
var server = http.createServer();          // 创建 Web 服务器
server.on("request", function(request, response) {
    console.log(request.headers);          // 以对象形式输出全部请求头信息
    console.log(request.rawHeaders);       // 以数组形式输出全部请求头信息
    console.log(request.httpVersion);      // 输出 http 请求的协议
    console.log(request.method);           // 输出 http 请求的方式
    console.log(request.url);              // 输出 http 请求的路径
    response.end();
});
server.listen(3000, function() {
    console.log("localhost:3000 listening...");
});
```

在文件当前文件夹下打开 CMD 窗口，输入以下命令启动服务器。

```
nodemon server_req.js
```

打开浏览器，输入地址 http://localhost:3000，向服务器发送请求，服务器开始响应，执行 server.on("request", function(request, response){...});这段代码，在控制台输出如下信息。

```
localhost:3000 listening...
{
  host: 'localhost:3000',
  connection: 'keep-alive',
  'cache-control': 'max-age=0',
  （略）
}
[
  'Host',
  'localhost:3000',
  'Connection',
  'keep-alive',
  'Cache-Control',
  'max-age=0',
  （略）
]
1.1
GET
/
```

【代码分析】

首先，使用 require()函数引入 http 模块，并使用 http.createServer()方法创建 Web 服务器，服务器在 request 事件发生时，查看了对象形式和数组形式的请求头。协议版本为 1.1，HTTP 请求方式为 GET，HTTP 请求的 URL 为 "/"（一般用来请求首页资源），并使用 res.end()方法结束响应；最后，服务器对象监听端口 3000，并在控制台输出对应的字符串。

注意：这些信息只有当服务器接收到请求后才会在控制台输出，所以一定要打开浏览器，输入服务器的地址并按 "Enter" 键，等于向服务器发送了请求，触发事件函数执行，因为没有使用 response 对象响应信息到页面，所以浏览器中看不到任何信息，代码使用 console.log()方法输出信息。用户可以到启动服务器的控制台查看结果。

> **!!! 小贴士**
>
> 在 Web 应用开发过程中，为了方便调试程序，经常需要查看一些变量的返回值，如文件读取返回的结果，数据解构赋值后的结果，数据库的查询结果等，此时可以使用这种方法在控制台输出中间结果，根据返回的中间结果决定下一步编程处理的思路和方法。

4.3 任务实现

根据任务描述，实现访问 Web 服务器时返回推荐的商品信息，需要两步。

第一步，创建 Web 服务器，提供 Web 服务，将推荐的商品信息响应发送给客户端。

第二步，客户端访问 Web 服务器，获取返回的推荐商品信息。

4.3.1 创建 Web 服务器

在站点根目录下编写程序 server_html.js，创建 Web 服务器。在客户端向服务器发送请求时，将推荐的商品信息字符串响应发送给客户端。

server_html.js-服务端响应处理。

```
var http = require('http');
var server = http.createServer();
server.on('request', function(request, response) {
    response.writeHead(200, {
        'Content-Type': 'text/html;charset=utf-8'
    });
    var str = " name:PC005-3A, size:101mm, price:108 ";
    response.write("<h1 style='color:red'>这是首页! </h1><br>推荐商品如下: <br>");
    response.write(str);
    response.end();
});
server.listen(3000, function(err) {
    if(err) {
        console.log("创建失败! ");
        console.log(err);
        return;
```

```
        }
        console.log('创建成功! 请求地址: http://localhost:3000');
        console.log('listening port 3000...');
    });
```

在当前文件夹下打开 CMD 窗口，输入以下命令并执行以启动服务器：

```
nodemon server_html.js
```

打开浏览器，输入地址 http://localhost:3000 并按"Enter"键，向服务器发送请求。此时，
CMD 窗口显示：

```
创建成功! 请求地址: http://localhost:3000
listening port 3000...
```

【代码分析】

首先，使用 http.createServer() 方法创建 Web 服务器对象；然后，Web 服务器对象在 request
事件发生时，使用 response.writeHead() 方法设置状态码和响应头中的"Content-Type"，并两次
使用 response.write() 方法向客户端发送响应的不同正文字符串，使用 response.end() 方法结束响
应；最后，服务器对象监听端口 3000，如果出错，在控制台中输出字符串"创建失败!"和具
体的错误信息，如果在端口 3000 正常启动 Web 服务器，则提示访问的 URL 和相关信息。

4.3.2 客户端访问服务器

打开浏览器，输入地址 http://localhost:3000 并按"Enter"键，向构建的 Web 服务器发送
请求。服务器收到请求后，返回了推荐商品的信息，如图 4-5 所示。

```
推荐商品如下：
name:PC005-3A, size:101mm, price:108
```

图 4-5 客户端浏览器显示的商品信息

任务 2 动态处理静态资源请求

4.4 任务描述

站点文件夹 static 中有子文件夹 css（内有 1 个文件 main.css）、子文件夹 images（内有 2
个图片文件）和 4 个文件，具体目录如图 4-6 所示。

图 4-6 文件夹 static 目录

当客户端使用不同 URL 请求静态资源时，服务器能够根据其 URL 读取相应的文件响应客户端。

- 访问网站地址 http://localhost:3000 时，返回文件夹 static 下的 index.html 页面。
- 访问网站地址 http://localhost:3000/product.html 时，返回文件夹 static 下的 product.html 页面。
- 访问网站地址 http://localhost:3000/css/main.css 时，返回文件夹 static 的子文件夹 css 下的 main.css 文件。
- 访问网站地址 http://localhost:3000/images/pro-1.jpg 时，返回文件夹 static 的子文件夹 images 下的 pro-1.jpg 文件。
- 访问网站地址 http://localhost:3000/ images/pro-2.jpg 时，返回文件夹 static 的子文件夹 images 下的 pro-2.jpg 文件。
- 除了以上 URL 的 HTTP 请求，其他请求都返回文件夹 static 下的 404.html 页面。

4.5 支撑知识

4.5.1 JSON 格式数据

JSON 是一种轻量级的数据交换格式，主要用于存储和交换文本信息，易于用户阅读和编写，可有效提升网络传输效率。

JSON 格式的数据主要有两种：JSON 对象和 JSON 数组。注意：JSON 格式数据中的字符串必须用一对双引号“" "”包起来。

JSON 对象是一个无序的“键: 值”对集合，键值对用花括号“{}”包起来，每个键值对之间用逗号“,”分隔。其中，“键”必须是字符串，“值”可以是字符串、整型、浮点型、对象、数组等任意合法数据类型。如：

```
{"id":1,"name":"PC005-3A","price":108}
```

JSON 数组是一个“值”的有序集合，值用方括号“[]”包起来，每个值之间用逗号“,”分隔。“值”可以是字符串、整型、浮点型、对象、数组等任意合法数据类型。如：

```
[
    {"id":1,"name":"PC005-3A","price":108},
    {"id":2,"name":"PC008-1D","price":216},
    {"id":4,"name":"PC008-3ZZZ","price":222}
]
```

JavaScript 可以将对象或数组转换为 JSON 字符串，以便在网络或者 Web 应用程序之间轻松地传递这个字符串，并在需要的时候将它还原为各编程语言所支持的数据格式。

1. JSON.stringify()方法

Web 应用中向服务器发送的数据一般是 JSON 字符串，我们可以使用 JSON.stringify()方法将 JavaScript 对象转换为 JSON 字符串后进行发送，语法为：

```
JSON.stringify(value[, replacer[, space]])
```

返回：包含 JSON 文本的字符串。

参数说明如下。

- value：需要转换的 JavaScript 对象（通常为对象或数组），必选参数。
- replacer：用于转换结果的函数或数组。
- space：文本添加的缩进、空格和换行符。

2. JSON.parse()方法

Web 应用中从服务器接收的数据一般也是 JSON 字符串，我们可以使用 JSON.parse()方法将 JSON 字符串转换为 JavaScript 对象进行逻辑处理，语法为：

```
JSON.parse(text[, reviver])
```

返回：JSON 字符串转换后的对象。

参数说明如下。

- text：需要转换的 JSON 字符串，必选参数。
- reviver：一个用于转换结果的函数，将为对象的每个成员调用此函数。

【示例 4.3】JSON 字符串和对象的相互转换。

```
var obj1 = {"id":1,"name":"PC005-3A","price":108};
var str1 = JSON.stringify(obj1);
console.log(str1,typeof(str1));
var str2 = '[{"id":1,"name":"PC005-3A","price":108},{"id":2,"name":"PC008-1D","price":216}]';
var obj2 = JSON.parse(str2);
console.log(obj2,typeof(obj2));
```

运行结果：

```
{"id":1,"name":"PC005-3A","price":108} string
[
  { id: 1, name: 'PC005-3A', price: 108 },
  { id: 2, name: 'PC008-1D', price: 216 }
] object
```

【代码分析】

首先，定义一个 JSON 对象，并使用 JSON.stringify()方法将 JSON 对象转换为 JSON 字符串，在控制台中输出该字符串及其类型 string；然后，定义一个 JSON 字符串，并使用 JSON.parse()方法将 JSON 字符串转换为 JavaScript 对象，在控制台中输出该 JavaScript 对象（即数组）及其类型 object。

4.5.2 服务器 URL 解析

路由是指根据请求的不同 URL 和请求参数（如请求方式）进行不同的响应，因此，路由本质上就是 URL 和响应函数的映射。在设置路由前，通常需要对 URL 进行全面了解。

在 Node.js 中，用于 URL 解析的模块为 url 模块。该模块是 Node.js 的内置核心模块，使用 require()方法即可引入使用，语法为：

```
var url = require('url');
```

url 模块常用的方法有 url.parse()和 url.format()两种。

1. url.parse()方法

url 模块解析 URL 字符串的 url.parse()方法的语法为：

```
url.parse(urlString[, parseQueryString[, slashesDenoteHost]]);
```

返回：URL 字符串解析后的对象。

参数说明如下。

- urlString：要解析的 URL 字符串。
- parseQueryString：如果为 true，将使用 querystring 模块分析查询字符串，如果为 false，则返回的网址对象的 query 属性将是未解析、未解码的字符串，默认值为 false。
- slashesDenoteHost：如果为 true，则字符串"//"之后和下一个"/"之前的第一个令牌将被解释为 host。如，给定"//foo/bar"，结果将是{host: 'foo', pathname: '/bar'}，而不是 {pathname: '//foo/bar'}，默认值为 false。

2. url.format()方法

使用 url 模块的 url.format()方法也可以将 JSON 对象形式的 URL 格式化成字符串形式，语法为：

```
url.format(URL[, options])
```

返回：字符串形式的 URL。

参数说明如下。

- URL：URL 对象，必选参数。
- options：可选参数，主要有以下选项。
  ◇ auth：如果序列化的网址字符串包含用户名和密码，则为 true，否则为 false。默认值为 true。
  ◇ fragment：如果序列化的网址字符串包含片段，则为 true，否则为 false。默认值为 true。
  ◇ search：如果序列化的网址字符串包含搜索查询，则为 true，否则为 false。默认值为 true。
  ◇ unicode：如果出现在网址字符串的主机组件中的 Unicode 字符被直接编码而不是 Punycode 编码，则为 true，否则为 false。默认值为 false。

【示例 4.4】URL 字符串和对象的相互转换。

```
var url = require("url");
var urlStr = 'https://nodejs.org/en/';
var urlObj = url.parse(urlStr);
console.log(urlObj,typeof(urlObj));
var urlResult = url.format(urlObj,{fragment: false, unicode: true, auth:
false});
console.log(urlResult,typeof(urlResult));
```

运行结果：

```
Url {
    protocol: 'https:',
    slashes: true,
    auth: null,
    host: 'nodejs.org',
    port: null,
    hostname: 'nodejs.org',
    hash: null,
```

```
    search: null,
    query: null,
    pathname: '/en/',
    path: '/en/',
    href: 'https://nodejs.org/en/'
    } object
https://nodejs.org/en/ string
```

【代码分析】

首先，引入 url 模块，定义 URL 字符串，并使用 url.parse()方法将 URL 字符串转换为 URL 对象，在控制台中输出该对象及其类型 object，包括 protocol、host、pathname 等键值对；然后，使用 url.format()方法将 URL 对象转换为 URL 字符串，在控制台中输出该字符串及其类型 string。

4.5.3   http 处理静态资源服务

静态资源主要是指内容不会发生变化的文件。在 Web 应用中，常见的静态资源文件有图片文件、CSS 文件、JS 文件等。

Node.js 可以通过路由访问服务器的静态资源文件。当用户向服务器发出请求时，根据请求的不同 URL 读取相应的静态资源文件。但是，不同的文件，其响应头中的文件类型是不同的。我们可以通过响应对象中的 setHeader()方法，设置响应头的文件类型（Content-type）。Content-type 参数的作用就是告诉浏览器，本次响应的内容是什么格式的内容，以便浏览器进行处理。常见的静态资源文件类型及 Content-type 如下。

- 网页文件：res.setHeader('Content-type', 'text/html;charset=utf-8')。
- CSS 文件：res.setHeader('Content-type', 'text/css;charset=utf-8')。
- JS 文件：res.setHeader('Content-type', 'application/javascript')。
- PNG 图片文件：res.setHeader('Content-type', 'image/png')。
- JPEG 图片文件：res.setHeader('Content-type', 'image/jpeg')。

静态资源一般存储在站点文件夹内，当服务器向客户端响应这些资源时，通常需要在磁盘上找到这些文件，然后通过读文件的方式将其发送到客户端。为了更加便捷地在磁盘上找到这些文件，可以使用 path 模块的一些方法进行路径处理。

在 Node.js 中，path 模块提供了许多处理文件和目录路径的方法以访问文件系统，并与文件系统进行交互。该模块是 Node.js 的内置核心模块，使用 require()方法即可引入使用，语法为：

```
var path = require('path');
```

path 模块常用的方法如下。

（1）获取路径 path 的最后一部分，即文件名，语法为：

```
path.basename(path[, suffix]);
```

（2）获取路径 path 中的目录名，语法为：

```
path.dirname(path)
```

（3）获取路径 path 中的扩展名，即路径 path 的最后一部分中从最后一次出现的字符"."到字符串的结尾。如果路径 path 的最后一部分中没有字符"."，或者除路径 path 的基本名称（即 path.basename()）的第一个字符之外没有字符"."，则返回空字符串。语法为：

```
path.extname(path);
```

（4）将所有给定的路径 path 片段连接在一起，在连接路径的同时也会对路径进行规范化。零长度的路径 path 片段被忽略。如果连接的路径字符串是零长度字符串，则返回字符".",表示当前工作目录。语法为：

```
path.join([path1][, path2] [,...]);
```

（5）返回路径字符串的对象，其属性表示路径 path 的重要元素。返回的对象的属性有 dir、root、base、name 和 ext。语法为：

```
path.parse(path);
```

【示例 4.5】文件路径的处理。

```
var path = require('path');
var pathStr = 'D:\\node\\task3\\a.txt';
var baseName = path.basename(pathStr);    // 获取文件名
var dirName = path.dirname(pathStr);       // 获取目录名
var extName = path.extname(pathStr);        // 获取文件扩展名
var parsePath = path.parse(pathStr);        // 获取路径对象
console.log(baseName);
console.log(dirName);
console.log(extName);
console.log(parsePath);
var joinPath = path.join(dirName,baseName);  // 连接路径与文件名
console.log(joinPath);
```

运行结果：

```
a.txt
D:\node\task3
.txt
{
    root: 'D:\\',
    dir: 'D:\\node\\task3',
    base: 'a.txt',
    ext: '.txt',
    name: 'a'
}
D:\node\task3\a.txt
```

【代码分析】

首先，引入 path 模块，定义路径字符串 pathStr；然后，使用 path 模块的 path.basename()方法获取文件名，用 path.dirname()方法获取文件的目录名，用 path.extname()方法获取文件的扩展名，用 path.parse()方法获取路径对象，并输出各个属性对应的值；最后，使用 path.join()方法连接文件的路径和文件名，在控制台中输出连接后的文件完整路径。

4.6 任务实现

根据任务描述，实现根据请求的 URL 读取不同的静态资源，以响应客户端，需要以下 3 步。

第一步，创建 Web 服务器，提供数据资源服务。

第二步，服务器根据请求静态资源的文件类型，在响应头中写入相应的 Content-type 参数值，并且根据请求的 URL 读取不同的文件响应给客户端。

第三步，客户端通过不同的 URL 访问服务器的静态资源文件。

微课视频

动态处理静态
资源请求

4.6.1　准备静态资源文件

在站点根目录下面新建存放静态资源文件的文件夹 static，在该文件夹下建立 4 个文件 index.html、product.html、404.html、favicon.ico（网站缩略图标），以及子文件夹 css 和子文件夹 images。子文件夹 css 下有文件 main.css、子文件夹 images 下有文件 pro-1.jpg 和 pro-2.jpg，共 7 个静态资源文件。

（1）网页文件 index.html

index.html-网站首页。

```
<!DOCTYPE html>
<html lang="en">
<head>
  <meta charset="utf-8">
  <title>首页</title>
  <link rel="stylesheet" href="css/main.css">
</head>
<body>
    <a href='/'>首页</a>   <a href='product.html'>商品列表</a> <br><br>
    <h1>首页</h1>
    <img src="images/pro-1.jpg" alt="">
</body>
</html>
```

（2）网页文件 product.html

product.html-商品列表页。

```
<!DOCTYPE html>
<html lang="en">
<head>
  <meta charset="utf-8">
  <title>商品列表页</title>
  <link rel="stylesheet" href="css/main.css">
</head>
<body>
  <a href='/'>首页</a>   <a href='product.html'>商品列表</a> <br><br>
  <h1>商品列表</h1>
  <img src="images/pro-1.jpg" alt="">
  <img src="images/pro-2.jpg" alt="">
</body>
</html>
```

（3）网页文件 404.html

404.html-404 页面。

```html
<!DOCTYPE html>
<html lang="en">
  <head>
    <meta charset="utf-8">
    <title>404</title>
  </head>
  <style>
   body {
     background-color:pink;
    }
  </style>
  <body>
    <h1>404 Not Found.</h1>
  </body>
</html>
```

（4）CSS 文件 main.css

在子文件夹 css 下新建 CSS 文件 main.css，其中部分代码如下。

main.css-静态资源 CSS 文件。

```css
body {
    background-color:#EEEEEE;
}

img{
    border:1px solid #CCCCCC;
    width:135px;
    height:135px;
};
```

（5）图片文件 pro-1.jpg 和 pro-2.jpg

在子文件夹 images 下新建图片文件 pro-1.jpg 和 pro-2.jpg，如图 4-7 和图 4-8 所示。

图 4-7　图片文件 pro-1.jpg

图 4-8　图片文件 pro-2.jpg

4.6.2　服务器动态处理静态资源

在站点根目录下编写程序 server_static.js，创建 Web 服务器。在客户端向服务器发送不同的 URL 请求时，将对应的静态资源文件响应给客户端。

server_static.js-服务端响应处理。

```javascript
var http = require('http');
var fs = require('fs');  // 用于读取静态资源
var path = require('path');  // 用于做路径拼接
var urlModule = require('url');
var server = http.createServer();
// 定义不同文件对应的文件类型
var mimeTypes = {
    "css": "text/css;charset=utf-8",
    "jpg": "image/jpeg",
    "html": "text/html;charset=utf-8"
};
server.on('request', function(request, response) {
    // 获取静态资源路径
    var url = urlModule.parse(request.url).pathname;
    if (url === '/') {
    // 读取相应静态资源内容
    fs.readFile(path.join(__dirname, 'static/index.html'), 'utf-8', function
(err, data) {
        // 如果出现异常，则抛出异常
        if (err) {
          console.log(err);
        }else{
        // 将读取的静态资源文件响应给浏览器
        response.setHeader('Content-type', mimeTypes['html']);
        response.end(data);}
    });
    } else if (url === '/product.html') {
    fs.readFile(path.join(__dirname,    'static/product.html'),    'utf-8',
function(err, data) {
        if (err) {
          console.log(err);
        }else{
        response.setHeader('Content-type', mimeTypes['html']);
        response.end(data);}
    });
    // 如果有图片、CSS 文件等，浏览器会重新发送请求获取静态资源
    } else if (url === '/css/main.css') {
    var cssPath = path.join(__dirname, 'static/css/main.css')
    fs.readFile(cssPath, 'utf-8', function(err, data) {
      if (err) {
        console.log(err);
      }else{
```

```
        response.setHeader('Content-type', mimeTypes['css']);
        response.end(data);}
      });
    } else if (url === '/images/pro-1.jpg') {
      var imgPath = path.join(__dirname,'static/images/pro-1.jpg')
      fs.readFile(imgPath, function(err, data) {
        if (err) {
          console.log(err);
        }else{
        response.setHeader('Content-type', mimeTypes['jpg']);
        response.end(data);}
      });
    } else if (url === '/images/pro-2.jpg') {
      var imgPath = path.join(__dirname,'static/images/pro-2.jpg')
      fs.readFile(imgPath, function(err, data) {
        if (err) {
          console.log(err);
        }else{
        response.setHeader('Content-type', mimeTypes['jpg']);
        response.end(data);}
      });
    } else {
      fs.readFile(path.join(__dirname, 'static/404.html'), 'utf-8', function
(err, data) {
        if (err) {
          console.log(err);
        }else{
        response.setHeader('Content-type', mimeTypes['html']);
        response.end(data);}
      });
    }
});
server.listen(3000, function() {
  console.log('listening port 3000...');
});
```

在当前文件夹下打开 CMD 窗口，输入以下命令并执行以启动服务器：

```
nodemon server_static.js
```

打开浏览器，输入地址 http://localhost:3000 并按"Enter"键，向服务器发送请求，根据请求路由地址，分别输入不同的地址，可以看到对应的响应内容。

【代码分析】

首先，引入 http 模块用于服务器创建，引入 fs 模块用于静态资源文件读取，引入 path 模块用于路径的连接，引入 url 模块用于获取请求 url 对象的路径；然后，定义对象 mimeTypes 用以存储不同文件对应的文件类型；接着，Web 服务器对象在 request 事件发生时，使用 pathname 属性获取请求对象 urlModule.parse(request.url)的路径，根据请求的路径响应不同的资源，并在响应时写入不同类型文件对应的响应头；最后，服务器对象监听端口 3000，并在控制台中输出提示信息"listening port 3000 ..."。

当请求路径为"/"时，即访问网站根目录时，首先使用 path 模块的 join()方法将当前模块的目录和"static/index.html"相连，获取 index.html 文件的完整路径，然后使用 fs 模块的 readFile()方法异步读取该路径下的 index.html 文件，如果读取错误，在控制台中输出具体的错误信息，如果正确读取出文件的内容，将返回的文件内容存储到参数 data 中，使用 response.setHeader()方法将响应头的文件类型参数设置为对象 mimeTypes 中键"html"对应的值"text/html; charset=utf-8"，并使用 response.end()方法将文件内容返回客户端，完成响应头和正文的发送。

当请求路径为"/product.html"时，将响应头设置为 HTML 文件的响应头"text/html; charset=utf-8"，并读取当前目录文件夹 static 下的 product.html 文件进行响应。

当请求路径为"/css/main.css"时，将响应头设置为 CSS 文件的响应头"text/css;charset= utf-8"，并读取当前目录文件夹 static 下子文件夹 css 下的 main.css 文件进行响应。

当请求路径为"/images/pro-1.jpg"时，将响应头设置为 JPEG 文件的响应头"image/jpeg"，并读取当前目录文件夹 static 下子文件夹 images 下的 pro-1.jpg 文件进行响应。

当请求路径为"/images/pro-2.jpg"时，将响应头设置为 JPEG 文件的响应头"image/jpeg"，并读取当前目录文件夹 static 下子文件夹 images 下的 pro-2.jpg 文件进行响应。

除了以上请求路径，都将响应头设置为 HTML 文件的响应头，并读取当前目录文件夹 static 下的 404.html 文件进行响应。

4.6.3　客户端测试请求

1. 访问静态资源文件 index.html

打开浏览器，输入地址 http://localhost:3000 并按"Enter"键，向本机中 Node.js 提供的 Web 服务器发送请求。服务器收到请求后，返回了文件夹 static 下的静态资源文件 index.html，即网站首页，如图 4-9 所示。

图 4-9　客户端浏览器显示的首页

2. 访问静态资源文件 product.html

单击首页中的超链接“商品列表”，跳转到地址 http://localhost:3000/ product.html。服务器收到请求后，返回了文件夹 static 下的静态资源文件 procudct.html，即商品列表页，如图 4-10 所示。

商品列表页
localhost:3000/product.html
首页 商品列表
商品列表

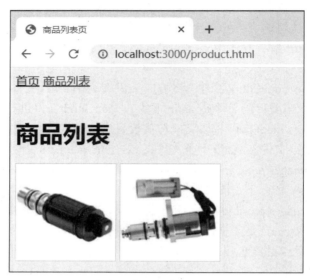

图 4-10 客户端浏览器显示的商品列表页

3. 访问静态资源文件 main.css

在浏览器中输入地址 http://localhost:3000/css/main.css 并按“Enter”键。服务器收到请求后，返回了文件夹 static 下子文件夹 css 下的静态资源文件 main.css，如图 4-11 所示。

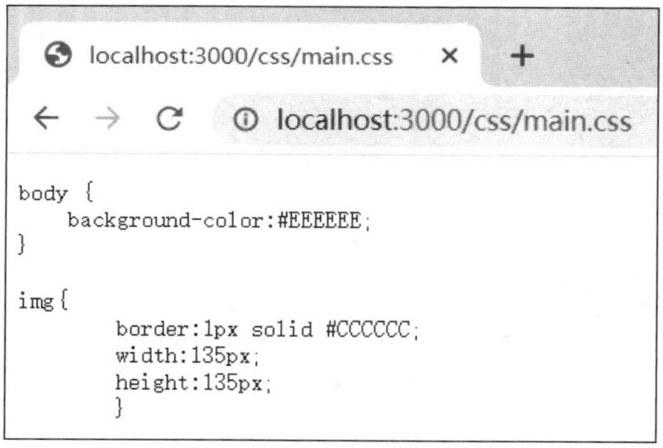

localhost:3000/css/main.css
localhost:3000/css/main.css
body {
background-color:#EEEEEE;
}
img{
border:1px solid #CCCCCC;
width:135px;
height:135px;
}

图 4-11 客户端浏览器显示的 CSS 文件

4. 访问静态资源文件 pro-1.jpg 和 pro-2.jpg

在浏览器中分别输入 http://localhost:3000/images/pro-1.jpg 和 http://localhost:3000/images/pro-2.jpg 并按“Enter”键。服务器收到请求后，分别返回了文件夹 static 下子文件夹 images 下的静态资源文件 pro-1.jpg 和 pro-2.jpg，如图 4-12 和图 4-13 所示。

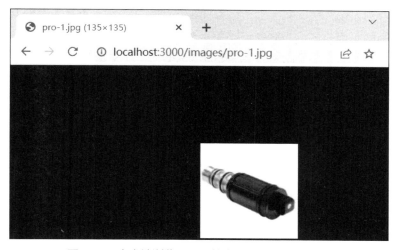

图 4-12   客户端浏览器显示的商品图片 pro-1.jpg

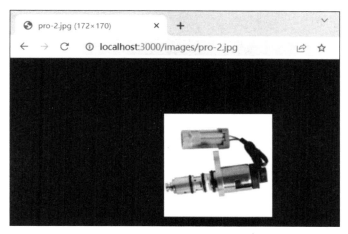

图 4-13   客户端浏览器显示的商品图片 pro-2.jpg

5. 访问静态资源文件 404.html

在浏览器中输入除了上述 1～4 中地址的任意其他地址，如 http://localhost:3000/test. html 并按"Enter"键。服务器收到请求后，返回了文件夹 static 下的静态资源文件 404.html，以报错，如图 4-14 所示。

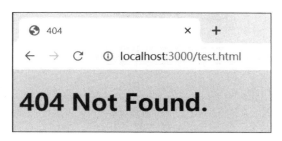

图 4-14   客户端浏览器显示的错误信息 404 页面

以上代码实现的思路是，构建一个服务端程序 server_static.js，通过将站点内每一个静态

Node.js 应用开发项目化教程（慕课版）

资源文件全部罗列出来的方式，保证了服务器都能根据请求地址到磁盘上找到相应文件并读取这些文件作为响应内容，当访问被罗列出来的文件时发现没有任何问题。

但是，假设产品页的代码发生了变化，还需再显示一张图片"/pro-3.jpg"，该图片已被放到 images 文件夹中，那么此时使用之前的服务器能正常加载、显示这张图片吗？

product.html-商品列表页。

```
<!DOCTYPE html>
<html lang="en">
<head>
  <meta charset="utf-8">
  <title>商品列表页</title>
  <link rel="stylesheet" href="css/main.css">
</head>
<body>
  <a href='index.html'>首页</a>  <a href='product.html'>商品列表</a> <br><br>
  <h1>商品列表</h1>
  <img src="images/pro-1.jpg" alt="">
  <img src="images/pro-2.jpg" alt="">
  <img src="images/pro-3.jpg" alt="">
</body>
</html>
```

服务器启动后，刷新商品列表页，发现第三张新添加的图片无法正常显示，如图 4-15 所示。原因在于服务端代码未能根据客户端的请求到磁盘中找到该文件（代码中只列举了 2 张图片）并将其读取出来进行响应。

图 4-15　第三张图片无法正常显示

由此可见，服务器中通过文件名，逐个列出可能请求的资源路径并进行读取响应不具有动态扩展性，无法实时根据请求加载一个站点内的所有资源，从而导致页面元素不能完整显示。

4.6.4　动态处理请求

当一个页面能够在浏览器中正常显示，其源码中关联的外部文件，如 CSS 样式、图片等静态资源文件要能被正常加载。也就是说，当服务器响应一个页面时，也必须同时将页面所依赖的外部文件一并成功响应过来，才能将一个完整的页面渲染出来。

当服务器构建好后，打开浏览器，输入地址 http://localhost:3000 并按"Enter"键，向服务器请求文件 index.html，同时也会向服务器请求这个页面所依赖的外部文件。在浏览器中按"F12"键，可以在"Network"下查看其依赖的其他文件，如图 4-16 所示。

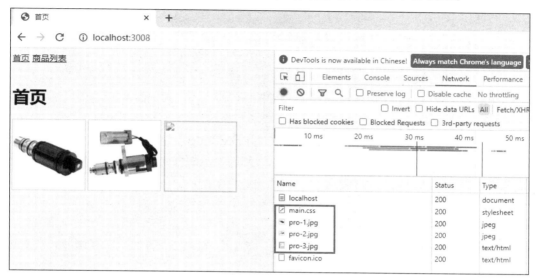

图 4-16　页面请求关联资源

服务器可以利用这一特性，在响应页面时，根据一并请求的外部资源文件名称，动态地到磁盘中找到这些资源文件进行读取响应，保证站点内所有页面都能被正常渲染出来。此时，要对服务端程序 server_static.js 的代码进行优化，将其变为 server_dynamic.js。

server_dynamic.js-服务端动态处理响应。

```
/**
 * 动态处理静态资源请求，注意：站点内超链接要按照静态网站的方式做好
 * 在代码中将静态网站文件夹名修改为 static，即可渲染该站点
 */
var http = require('http');
var fs = require('fs');
var path = require('path');
var server = http.createServer();
server.on('request', function(req, res) {
  // 当用户访问 / 的时候，默认让用户访问 index.html
  var url = req.url;
  console.log(url);// 每次请求获取的资源路径在服务端输出
  var fullPath = path.join(__dirname,'static',url);  // static 为站点文件夹名
  if (url==='/') {
    fullPath = path.join(__dirname,'static','index.html');
  }
```

```
fs.readFile(fullPath,function (err,data) {
  if (err) {
    // 在进行 Web 开发的时候，如果发生了错误，直接把该错误消息输出到客户端
    return res.end(err.message);
  }
  res.end(data);
});
});
server.listen(3000, function() {
  console.log('server is running at port 3000');
});
```

在当前文件夹下打开 CMD 窗口，输入以下命令并执行以启动服务器：

```
nodemon server_dynamic.js
```

打开浏览器，输入地址 http://localhost:3000 并按 "Enter" 键，向服务器发送请求，根据请求的路由地址，分别输入不同的地址，可以看到即使页面代码有所改变，只要静态资源在站点文件夹内，所有页面都能正常显示，如图 4-17 所示。

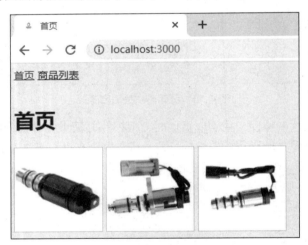

图 4-17　页面显示关联资源

【代码分析】

转变思路编写代码，根据页面加载时一并请求的资源名称，通过路径拼接到站点内找到文件进行读取响应，保证了所有资源的动态处理。这样代码既简单、高效，又具有很强扩展性。

任务 3　前后端商品数据交互

4.7　任务描述

在已经搭建好的 DuDa 网站（具体文件及其源码见附录）的首页 index.html 中，将 JSON 文件 product.json 中的商品数据渲染显示在页面 "产品展示" 区域中，如图 4-18 所示。

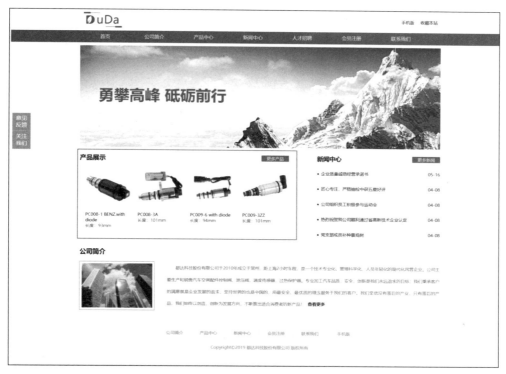

图 4-18　显示商品信息的 DuDa 网站首页

4.8　支撑知识

4.8.1　AJAX 请求

　　AJAX（Asynchronous JavaScript and XML，异步的 JavaScript 和 XML）是一种用于快速创建动态网页的技术，支持客户端异步地向服务器发送请求，在等待响应的过程中，不阻塞当前页面，而去执行其他任务，直到成功获取响应后，浏览器才开始处理该响应数据。也就是说，在无须重新加载整个网页的情况下，通过 AJAX 技术就可以与服务器交换数据，以更新部分的网页内容。

　　AJAX 技术支持异步处理，提高了页面数据自动更新的频率，显著提升了用户体验和访问速度。但是，客户端发送 AJAX 请求的目标资源 URL，必须与当前的 URL 同源。

4.8.2　后端跨域

　　浏览器中存在一个核心的安全机制：同源策略。如果两个 URL 的协议、域名和端口号完全相同，那么这两个 URL 就被称为同源。浏览器默认两个同源的 URL 是可以相互访问和操作的，但是，如果非同源，就会产生跨域问题。拒绝跨域请求是浏览器保障用户安全的一种策略。

　　后端解决跨域问题有多种方式，常见的有跨域资源共享（Cross-Origin Resource Sharing，CORS）、Nginx 反向代理、带回调的 JSON（JSON with Padding，JSONP）等。在 Node.js 中，普通的跨域请求，只需要在服务端设置参数 Access-Control-Allow-Origin 即可，前端无须设置。

> !!! 小贴士
>
> 在任何程序设计语言中，除了关注代码的功能和性能外，程序员还需要关注一个很重要的方面：代码的安全性。浏览器的同源策略在一定程度上可防止跨站请求伪造（Cross Site Request Forgery，CSRF）攻击的发生，这是客户端的安全防护措施，但是，代码安全更体现在服务端。服务端的代码对用户的输入过滤不够、内置函数被恶意利用，可能会导致服务器的各种安全问题，因此，在程序设计的过程中，务必要有信息安全意识！

4.9　任务实现

根据任务描述，实现页面"产品展示"数据的跨域请求，显示商品信息数据，需要两步：

第一步，在网页文件中使用 AJAX 向服务端发送请求，并在收到响应数据后进行处理，将其渲染在客户端的页面中；

第二步，后端 Web 服务器解决跨域访问问题，收到请求后将 JSON 文件 product.json 中的数据读取后响应给客户端。

微课视频

前后端商品数据交互

4.9.1　准备数据文件

在站点根目录下新建 JSON 文件 product.json，文件中存储了 4 个商品的信息数据。
product.json-商品信息 JSON 文件。

```json
{
    "data": [
        {
            "id": "1",
            "name": "PC008-1 BENZ.with diode",
            "cat_id": "1",
            "size":"93mm",
            "image": "./images/pro-1.jpg",
            "price": "2000",
            "add_time": "2022-10-11",
            "sort": "10"
        },
        {
            "id": "2",
            "name": "PC008-3A",
            "cat_id": "1",
            "size":"101mm",
            "image": "./images/pro-2.jpg",
            "price": "599",
            "add_time": "2022-10-15",
            "sort": "10"
        },
        {
            "id": "3",
```

```
        "name": "PC009-6 with diode",
        "cat_id": "1",
        "size":"94mm",
        "image": "./images/pro-3.jpg",
        "price": "1399",
        "add_time": "2022-11-15",
        "sort": "10"
    },
    {
        "id": "4",
        "name": "PC009-3ZZ",
        "cat_id": "1",
        "size":"101mm",
        "image": "./images/pro-4.jpg",
        "price": "999",
        "add_time": "2022-12-31",
        "sort": "10"
    }
  ]
}
```

JSON 文件中包含一个对象：键为"data"；值为一个存储了 4 个对象的数组，其中，每个对象存储一个商品信息数据，包括 id、name、cat_id 等键值对。

4.9.2 构建 Web 服务器

在站点根目录下编写程序 server_json.js，创建 Web 服务器。服务器用于读取 product.json 文件中的商品数据并设置允许跨域访问，当接收到请求时将商品数据响应给客户端。

server_json.js-跨域读取 JSON 文件。

```
var http = require('http');
var fs = require('fs');
var server = http.createServer();
server.on('request', function(request, response) {
    // 解决跨域问题
    // *表示所有地址都可以访问
    response.setHeader('Access-Control-Allow-Origin', '*');

    response.writeHead(200, {
        'Content-Type': 'text/plain;charset=utf-8'
    });
    fs.readFile('product.json', function(err, data) {
        response.end(data);
    });
});
server.listen(3000, function(err) {
    console.log('listening port 3000...');
});
```

在当前文件夹下打开 CMD 窗口，输入以下命令并执行以启动服务器：

```
nodemon server_json.js
```

打开浏览器，输入地址 http://localhost:3000 并按"Enter"键，向服务器发送请求，可以查看客户端显示结果，如图 4-19 所示。

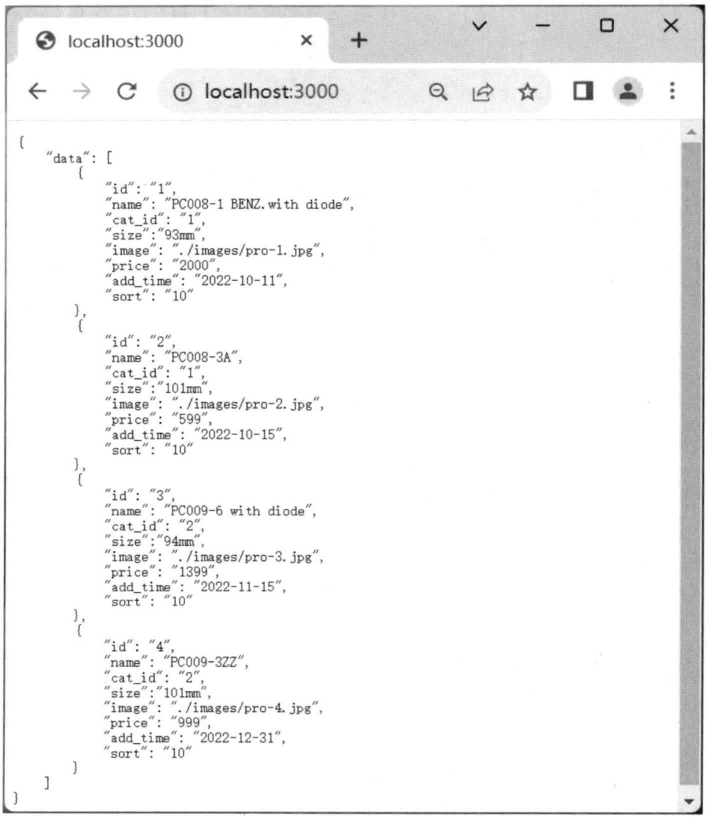

图 4-19　服务器响应数据到客户端

注意：这一步非常重要，是测试服务器端代码是否正确的一种方法。若页面显示数据，说明代码正确；否则代码有问题，此时要查看运行该程序的 CMD 窗口，根据错误提示修改代码，代码保存后刷新页面，直到页面有正确输出为止。

【代码分析】

首先，引入 http 模块用于服务器创建，引入 fs 模块用于 JSON 文件读取；然后，Web 服务器对象在 request 事件发生时，通过 response.setHeader()方法将参数 Access-Control-Allow-Origin 的值设置为"*"，表示不管请求是否跨域，所有地址都可以访问该服务器；接着，使用 response.writeHead()方法将状态码设置为 200、文件类型设置为 text/plain;charset=utf-8，并使用 fs.readFile()方法异步读取文件 product.json 后，通过 response.end()方法将文件内容响应给客户端；最后，服务器对象监听端口 3000，并在控制台中输出提示信息"listening port 3000 ..."。

4.9.3　客户端发送请求

DuDa 网站的首页 index.html 通过 AJAX 请求获取 Web 服务器响应的商品信息数据，并将其渲染在页面中。

index.html-DuDa 网站首页商品展示模块。

```
<!-- （略，可见附录 index.html） -->
<section class="product">
    <h2>产品展示</h2><a href="#">更多产品</a>
    <ul>  <!-- 将其内部原有的<li>标签对注释掉，替换为如下动态代码 -->
    <script src="https://cdn.bootcdn.net/ajax/libs/jquery/3.5.1/jquery.js">
</script>
    <script>
        $.ajax({
            url: 'http://localhost:3000' // 服务器地址
        }).then(res => {
            var pArr = JSON.parse(res).data;
            for(i = 0; i < pArr.length; i++) {
                console.log(pArr[i].name); // 浏览器的 console 输出
                $('.product ul').append(`<li><a href="#"><img src="${pArr
[i].image}" alt=""><p>${pArr[i].name}<br><span>长度: ${pArr[i].size}</span></p>
</a></li>`);
            }
        })
    </script>
    </ul>
</section>
<!-- （略，可见附录 index.html） -->
```

【代码分析】

首先，通过 AJAX 向服务器地址 http://localhost:3000 发送请求，异步获取服务器的响应数据，即文件 product.json 中的商品信息数据；然后，使用 JSON.parse()方法将获取到的响应数据转换为对象，并获取该对象中的 data 属性对应的值，即以 4 个商品信息对象为元素形成的数组；最后，遍历数组获取每个对象，在浏览器的控制台中输出对象的键 name 对应的值，并使用 append()方法在 class 为 product 的标签<section>中添加每个商品信息的列表项，每个列表项包括含超链接的图片、商品信息名以及长度对应的值。

启动 Web 服务器后，双击打开文件 index.html，可以看到页面中成功渲染了商品信息，如图 4-20 所示。

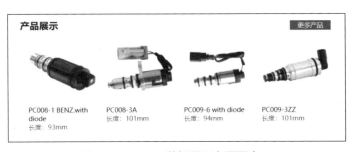

图 4-20 JSON 数据显示在页面中

为了保证页面能顺利显示数据，最好要先进行客户端调试，对应于 index.html 代码中的 "console.log(pArr[i].name);"。在打开 index.html 页面的浏览器中，按 "F12" 键，查看 "console" 控制台，观察浏览器是否输出了想要的数据，如图 4-21 所示。若能够显示数据，说明服务器和客户端代码正常；若不能够显示数据，则要重点检查客户端的代码。

图 4-21　客户端调试页面

这是 Node.js 一个非常典型的应用场景，即使用 http 模块轻松地构建一个 Web 服务器，实现一个 Node.js 数据接口，向客户端提供数据资源，数据通常为 JSON 格式。客户端可以是静态页面、微信小程序或其他应用，通过访问接口地址实现客户端与服务器之间的数据交互。

拓展实训——网络接口数据请求与展示

1. 实训需求

Web 应用开发的本质是前端、后端数据的交互。前端向服务器请求获取数据，服务器在文件、数据库或网络接口中查询对应数据，并将查询结果响应到前端。前面已经介绍了如何通过 Web 服务器从文件中访问数据，那么这些文件中有组织的 JSON 数据从哪里获取呢？

现在有很多企业致力于为用户提供标准、简洁且高效的接口数据平台，即通过网站提供若干数据接口，数据内容包括新闻资讯、生活服务、娱乐应用、金融科技、知识问答、数据智能等多个类型服务的数据，涵盖互联网服务的各个方面。用户通常只需要在这些网络平台注册一个会员账号，就可以获取很多想要的数据，这可以使用户从复杂、烦琐的数据收集、处理、反馈任务中解放出来。

接下来以网络接口数据请求与展示为例，通过 Node.js 构建一个 Web 服务器，将网络接口请求的新闻数据响应到客户端，在客户端页面中对新闻数据进行解析，并按照给定的页面模板将其展示在页面中。

2. 实训步骤

（1）通过浏览器打开接口数据平台页面，新用户注册一个账号。
（2）登录账号后，选择所需的数据集，根据提供的接口地址，请求测试数据。

（3）编写代码，构建 Web 服务器，向接口地址请求数据，并将数据响应到客户端。

（4）根据给定模板，展示数据内容。

项目完成后，项目文件夹文件列表如图 4-22 所示。其中 product.json 文件和 server_json.js 文件同任务 3。本实训需创建 news.json 文件和 server_API.js 文件，并在 DuDa 文件夹下的 index.html 文件中添加新的代码。

图 4-22 项目文件夹文件列表

微课视频

网络接口数据请求与
展示

3. 实现过程

（1）浏览器中搜索接口数据平台，进入平台首页，单击"立即注册"按钮，输入个人信息，注册一个会员账号，如图 4-23 所示。

图 4-23 注册账号

（2）账号注册成功后，登录账号，进入平台首页，在搜索框中输入所需的数据集关键字"新闻"，单击右侧的搜索图标，即可返回该平台能提供的新闻数据，如图 4-24 所示。

在页面中点击第二行的"科技新闻"图标，进入"科技新闻"接口页面，页面会详细说明这个接口是否免费，当前是否提供正常服务，还有接口文档、价格、返回示例、参考代码等详细信息，如图 4-25 所示。"科技新闻"是一个会员免费接口，目前能正常提供服务。

图 4-24　登录后搜索数据

图 4-25　申请接口

单击接口名称下面的"申请接口"按钮，弹出"申请接口"对话框，单击"确定申请"按钮即可申请成功，如图 4-26 所示。

图 4-26 确定申请数据接口

接口申请成功后会出现"接口申请成功"对话框，如图 4-27 所示。单击下方的"立即调试"按钮，进入调试页面。

图 4-27 接口申请成功

将"请求参数"中的"num"修改为"5"，然后单击下方的"测试请求"按钮，如图 4-28 所示。

图 4-28 修改请求参数

在当前页面的右侧，会出现详细的请求信息，还有接口的响应结果，该结果包含 5 条新闻数据，如图 4-29 所示。

图 4-29　查看请求信息和响应结果

将请求信息中的请求 URI 和请求参数拼接到一起，得到接口的完整请求地址。其中 "?" 后面跟 2 个地址栏参数，一个参数为 key，值为数据平台为每一个注册用户分配的键值，另一个参数为 num，值为用户输入的请求新闻条数。打开浏览器输入完整地址，便可以在浏览器中直观看到接口响应的数据，如图 4-30 所示。

图 4-30　接口响应的数据

在站点根目录下新建文件夹 data，在 data 文件夹中创建 news.json 文件，将浏览器窗口中的所有文字复制到 news.json 文件中，如图 4-31 所示。

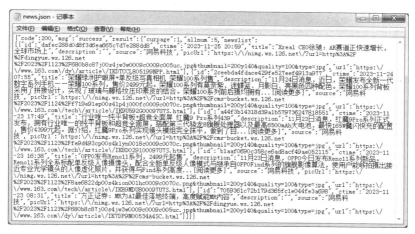

图 4-31　将数据存入文件

（3）编写代码，构建 Web 服务器，读取 news.json 文件中的数据，并将数据响应到客户端。server_API.js-读取网络接口数据并将其响应到客户端。

```
// 构建 Web 服务器，读取 news.json 文件中的数据，并响应到客户端
var http=require('http');
var fs=require('fs');
var server=http.createServer();
server.on('request',function(request,response){
    // 解决跨域问题
    response.setHeader('Access-Control-Allow-Origin','*'); // *表示所有地址都
可以访问

    response.writeHead(200,{'Content-Type':'text/plain;charset=utf-8'});
    var data=fs.readFileSync('./data/news.json'); // 同步读取文件内容
    response.end(data);
});

server.listen(3010,function(err){
    console.log('服务器创建成功! http://localhost:3010');
});
```

从当前文件夹进入 CMD 窗口，在 CMD 窗口中输入：

nodemon server_API.js

启动服务器后，可在控制台看到运行结果：

服务器创建成功! http://localhost:3010

【代码分析】

首先，使用 require()语句引入 http 模块，创建服务器对象 server。当服务器对象接收到"request"事件时，允许请求跨域，即所有地址都可以访问该服务器；设置页面内容类型为纯文本，字符集为 utf-8，读取 news.json 文件中的数据，将读取到的数据响应到客户端。最后，

服务器对象监听端口 3010，并在控制台中输出提示信息。

打开浏览器，输入地址"http://localhost:3010"，可以看到服务器响应的新闻数据。这相当于使用 Node.js 搭建了一个服务器，该服务器提供了一个数据接口，访问这个数据接口可以获取新闻数据，如图 4-32 所示。

图 4-32 获取新闻数据

（4）根据给定模版，展示数据内容。在任务 3 的页面模板中显示新闻数据，在数据显示之前，页面如图 4-33 所示。

图 4-33 页面未显示新闻数据

在任务 3 的 index.html 文件中，将原来新闻列表的静态代码注释掉，使用 AJAX 向服务器地址发送请求，将获取到的响应数据显示在\<ul\>标签中。

index.html-向服务器请求数据并对数据进行解析显示。

```
<!-- （略，同任务 3 的 index.html 文件中的产品展示代码） -->

<!-- 新闻中心 -->

<section class="news">
```

```
<h2>新闻中心</h2><a href="#">更多新闻</a>
<ul class="allNews">
    <!--<li><a href="#">企业质量诚信经营承诺书<span>05-16</span></a></li>-->
    <script>
        $.ajax({url:'http://localhost:3010' // 服务器地址
        }).then(res=>{  // res 是字符串
            var nArr=JSON.parse(res).result.newslist;
            console.log(nArr);
            for(i=0;i<nArr.length;i++){
                $('.allNews').append(`<li><a
        href="#">${nArr[i].title.substr(0,18)}...<span>${nArr[i].ctime}
</span></a></li>`);
            }
        });
    </script>
</ul>
</section>
<!-- 新闻中心 -->
```

【代码分析】

根据前面创建的服务器地址"http://localhost:3010"发送请求，获取响应的新闻数据，将其存储在 res 中。由于 res 是字符串，使用 JSON.parse()方法将其转换成对象，根据 news.json 文件中的数据结构，使用 JSON.parse(res).result.newslist 获取实际包含 5 条新闻的数据，然后使用 for循环遍历数据元素，提取出新闻的标题和日期，按照之前静态页面的布局追加到 index.html 页面中新闻所在的<ul>标签中。由于新闻标题字数较多，超过模板给定的宽度，这里使用 substr()方法对每一个新闻标题取前 18 个字符，后面用"..."显示，从而保证页面布局效果美观大方。

双击 index.html 文件，在浏览器中打开该页面，运行效果如图 4-34 所示。

图 4-34　页面显示新闻数据

单元小结

本单元主要介绍了使用 http 模块构建 Web 服务器，以及通过 http 模块、url 模块和 path 模块进行静态文件访问、路由控制、跨域请求等操作。希望通过对本单元的学习，读者能够掌握使用 Web 服务器中服务端和请求端的构建方法，能够根据不同的路由动态访问服务器中的静态资源，并合理设置响应参数以解决 AJAX 请求的跨域问题。

单元习题

一、填空题

1. Node.js 中主要使用（　　）模块构建 Web 服务器。
2. 路由是指根据请求的不同的（　　）和请求参数（如请求方式）进行不同的响应。
3. 通过 HTTP 响应头的参数（　　）可以解决跨域请求问题。
4. HTTP 响应中的状态码（　　）表示请求的资源不存在。
5. （　　）是一种轻量级的数据交换格式，主要用于存储和交换文本信息。

二、单选题

1. http 模块的（　　）方法可以创建 Web 服务器，返回 Web 服务器的 http.Server 对象实例。
    A. http.createServer()　　　　　　B. server.listen()
    C. http.request()　　　　　　　　D. http.IncomingMessage
2. 下列选项中，不是 JSON 格式数据的为（　　）。
    A. { "a":"97"}　　B. "a":"97"　　C. [{ "a":"97"}]　　D. { "a":97}
3. （　　）请求方式，一般用于从指定的资源请求数据。
    A. all　　　　　　B. get　　　　　　C. post　　　　　　D. put
4. （　　）方法可以将 JSON 对象形式的 URL 格式化成字符串形式。
    A. url.stringify()　　B. url.parse()　　C. url.format()　　D. url.string()
5. （　　）模块提供了许多处理文件和目录的路径的函数，以访问文件系统并与文件系统进行交互。
    A. fs　　　　　　B. url　　　　　　C. path　　　　　　D. http

三、简答题

1. 请简述 HTTP 的工作原理。
2. 请简述路由控制的工作原理。
3. 请简述 Node.js 后端解决 AJAX 跨域请求的方法。

单元 ⑤   数据库应用开发

本单元主要介绍使用 Node.js 相关模块进行数据库应用开发。通过对本单元的学习，读者可掌握 MySQL 数据库的常见操作，以及使用 mysql 模块实现数据表中数据增、删、改、查操作的方法和步骤，为以后进行综合项目开发打下良好基础。

1. 知识目标

（1）掌握 MySQL 数据库服务器的安装和使用。
（2）掌握 mysql 模块的安装。
（3）掌握连接 MySQL 数据库服务器的方法。
（4）掌握对数据表中数据进行增、删、改、查操作的方法。

2. 能力目标

（1）能够正确安装和配置 MySQL 数据库服务器。
（2）能够正确安装 mysql 模块，并能够在代码中正确加载 mysql 模块。
（3）能够使用 mysql 模块创建数据库连接对象，并建立数据库连接。
（4）能够使用 mysql 模块实现数据表中数据的增、删、改、查操作。

3. 素养目标

（1）培养读者形成基于数据库的 Web 应用开发基本思维。
（2）培养读者的分析问题、解决问题的能力。
（3）培养读者运用浏览器控制台调试测试数据的能力，提高程序排错能力。

任务1   使用 Node.js 连接 MySQL 数据库

5.1   任务描述

随着信息技术的迅速发展和广泛应用，数据库作为后台支持系统已成为信息管理中不可缺少的重要组成部分。MySQL 是一个关系数据库管理系统，是目前最流行的数据库管理系统软件之一。

本任务使用 Node.js 连接 MySQL 服务器中的数据库 DuDaInfo，如果连接成功，则在控制台输出"数据库连接成功！"；如果连接失败，则在控制台输出"数据库连接失败！"。运行效果分别如图 5-1 和图 5-2 所示。

数据库连接成功！

图 5-1   数据库连接成功

```
数据库连接失败! ER_ACCESS_DENIED_ERROR: Access denied for user 'root'@'localhost' (using password: YES)
```

图 5-2　数据库连接失败及其具体原因

5.2　支撑知识

MySQL 作为目前最流行的关系数据库管理系统之一，是一个真正多用户、多线程的结构查询语言（Structure Query Language，SQL）数据库服务器，其所使用的 SQL 是用于访问数据库的常用标准化语言。安装 MySQL 数据库软件后，可以使用不同的 SQL 命令来操作数据库。

5.2.1　MySQL 简介

MySQL 运行速度快、执行效率与稳定性高、操作简单、非常易于使用；同时，由于其体积小、速度快、跨平台、总体拥有成本低，尤其是开放源码这一特点，是中小型网站开发首选的数据库管理系统。搭配 Node.js、PHP、Java、Python 等服务器端编程语言可快速搭建 Web 开发环境。安装 MySQL 主要有两种方式：一种是从官网下载 MySQL 数据库软件安装；另一种是直接安装包含 MySQL 的集成开发环境。

微课视频

安装 MySQL

1. 从官网下载 MySQL 数据库软件安装

在 MySQL 的官方网站上可以免费下载其最新版本和各种技术资料，目前 MySQL 发布的最新版本是 8.0.32。

在 MySQL 官方网站上选择 MySQL Community Server 版本，下载 MySQL 数据库软件，如图 5-3 所示。

图 5-3　获取 MySQL 数据库软件

可以根据需要选择不同操作系统的 MySQL 数据库软件进行下载。以在 Windows 操作系统中安装 MySQL 为例,选择下载 Windows 操作系统下的 MySQL 数据库软件,双击通过 MySQL 官网获取的安装包,按照操作提示,一步步进行安装,在此不赘述了。直至显示 MySQL 安装成功界面,如图 5-4 所示,单击"Finish"按钮即可。

图 5-4　MySQL 安装成功界面

2. 安装包含 MySQL 的集成开发环境

目前包含 MySQL 的常用集成开发软件有 XAMPP、WampServer、AppServ 等,这些软件的安装及使用方法差别不大。本书推荐使用这种方式安装 MySQL,选择的是 XAMPP 软件。

XAMPP,即 Apache+MariaDB+PHP+Perl,它是一个功能强大、完全免费且易于安装的 PHP 集成开发环境软件包。MariaDB 数据库管理系统是 MySQL 的一个分支,完全兼容 MySQL。

本书以在 64 位 Windows 10 系统下安装 XAMPP 软件为例。在安装之前,需要下载 XAMPP for Windows。安装 XAMPP 非常简单,打开安装文件后,只要一直单击"Next"按钮就可以安装成功了。安装成功以后,可以打开 XAMPP 控制面板,如图 5-5 所示。

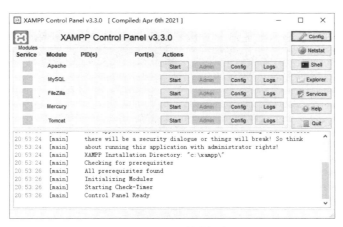

图 5-5　XAMPP 控制面板

单击 XAMPP 控制面板上的"×"按钮，则关闭该控制面板。并在桌面状态栏右下角自动显示 ![] 图标，双击 ![] 图标，即可弹出 XAMPP 的控制面板。

单击 XAMPP 控制面板上"MySQL"后面的"Start"按钮，此时左侧 MySQL 文字背景色为绿色，且出现其默认端口 3306，按钮文字变更为"Stop"，如图 5-6 所示，则表示成功开启了 MySQL 数据库服务器的服务。

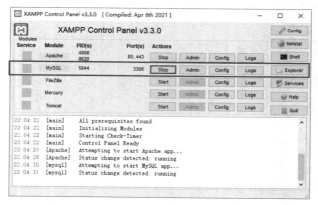

图 5-6　XAMPP 控制面板（已开启服务）

XAMPP 安装成功以后，其默认安装的文件夹为 C:\xampp，存放 MySQL 服务器组件的目录为 C:\xampp 下的 mysql 文件夹。MySQL 安装成功以后，再登录 MySQL 数据库服务器，此时会验证登录服务器的用户名和密码，只有被服务器授予权限的用户名和密码才能成功登录 MySQL 服务器。XAMPP 安装好后，默认的服务器登录用户名为 root，默认密码为空字符串。此时可以通过两种方式登录本地安装的 MySQL 服务器。

（1）通过 Shell 登录 MySQL 服务器

在成功开启 MySQL 数据库服务器的前提下，单击 XAMPP 控制面板右侧的"Shell"按钮 ![Shell]，会打开一个窗口，输入命令：

```
mysql -u root -p
```

说明：-u 后面的参数指定连接数据库服务器使用的用户名，例如 root，表示是管理员，具有所有权限。-p 后面的参数指定连接数据库服务器使用的密码，但-p 和其后的参数之间不要有空格。也可以省略-p 后面的参数，直接按"Enter"键后输入密码。

因为初始密码为空，输入上述命令并按"Enter"键后，不需要输入任何字符，直接再按"Enter"键，便可成功登录 MySQL 服务器，如图 5-7 所示。通过 Shell 登录 MySQL 服务器非常方便，无须配置环境变量，推荐使用。

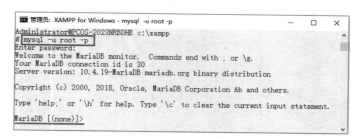

图 5-7　使用 Shell 登录 MySQL 服务器

登录成功后，若要关闭 MySQL 服务器，可以使用 exit 或者 quit 命令。输入命令并执行后，当出现"Bye"提示语时，则关闭了 MySQL 服务器，并退出了 MySQL 控制台，如图 5-8 所示。

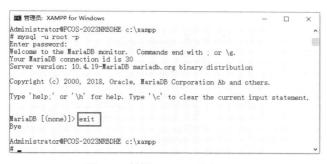

图 5-8　关闭 MySQL 服务器

（2）通过 CMD 窗口登录 MySQL 服务器

通过 CMD 窗口登录 MySQL 服务器时，需要先配置运行环境变量。配置好以后，可以通过使用 CMD 窗口程序（cmd.exe）方便地进行 MySQL 命令的操作。通常采用在 Windows 系统的环境变量中进行 MySQL 运行环境的配置，操作步骤如下。

① 找到 MySQL 执行文件的路径，本书为"C:\xampp\mysql\bin"，我们可以先进入该路径，然后复制地址栏中的路径。

② 在"计算机"上单击鼠标右键，选择"属性"命令，在弹出的界面中单击"高级系统设置"，显示"系统属性"对话框，如图 5-9 所示。

图 5-9　"系统属性"对话框

③ 切换到"高级"选项卡，单击"环境变量"按钮，显示"环境变量"对话框，如图 5-10 所示。

图 5-10 "环境变量"对话框

④ 选择"系统变量"列表中的 Path 变量，单击"编辑"按钮，进入"编辑环境变量"对话框，如图 5-11 所示。单击"新建"按钮，在列表中的最下方将会出现一个空白行，将之前复制的 MySQL 执行文件的路径粘贴到该空白行中即可。

图 5-11 "编辑环境变量"对话框

⑤ 单击"确定"按钮，结束 MySQL 运行环境配置过程。

⑥ 测试运行环境配置效果。打开 Windows 中的 CMD 窗口程序（cmd.exe），输入如下命令：

```
mysql -u root -p
```

输入后按"Enter"键，如果提示要求输入密码，则运行环境配置成功，如图 5-12 所示。

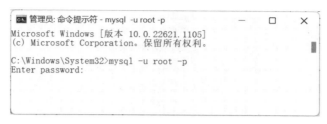

图 5-12　测试运行环境配置效果

5.2.2　MySQL 常用语句

微课视频

MySQL 常用语句

在 MySQL 控制台中输入 SQL 命令并执行，就可以对 MySQL 数据库服务器进行管理。例如，可以实现创建数据库、指定默认数据库创建数据表、查看表结构、表数据增/删/改/查等操作。SQL 命令的基本语法要求如下。

- 每条 SQL 命令都要以分号（";"）结束，然后按"Enter"键执行。
- 可以将一条 SQL 命令拆成多行，最后使用一个分号结束。
- 可以通过输入字符"\c"来取消当前行的输入。

下面通过一些常用的 MySQL 命令来进行数据库的操作。

1. 使用 CREATE DATABASE 语句创建数据库

使用 CREATE DATABASE 语句创建数据库，语法格式如下：

```
CREATE DATABASE [IF NOT EXISTS] <数据库名>
[DEFAULT CHARACTER SET <字符集名>]
[DEFAULT COLLATE <排序规则名>]
```

【示例 5.1】创建数据库 DuDaInfo，默认字符集为 utf8。

```
CREATE DATABASE DuDaInfo DEFAULT CHARACTER SET utf8;
```

【代码分析】

创建数据库需要具有数据库 CREATE 的权限。如果所创建的数据库已存在，且没有指定 IF NOT EXISTS，则会出现错误。

2. 使用 USE 语句指定默认数据库

使用 USE 语句可以指定一个数据库作为当前默认的数据库，其语法格式如下：

```
USE <数据库名>
```

【示例 5.2】将 DuDaInfo 指定为默认数据库。

```
USE DuDaInfo;
```

3. 使用 CREATE TABLE 语句创建数据表

使用 CREATE TABLE 语句创建数据表，语法格式如下：

```
CREATE TABLE [IF NOT EXISTS] <表名> (
    字段名 1 数据类型 [属性] [索引],
    字段名 2 数据类型 [属性] [索引],
    ...
    字段名 n 数据类型 [属性] [索引]
) [存储引擎] [表字符集]
```

每一个字段可以使用属性对其进行限制说明，属性是可选的，主要包括：AUTO_INCREMENT、COMMENT 等。其中 AUTO_INCREMENT 是用来设置字段的自动增量属性，只能修饰整数类型的字段。当数值类型的字段被设置为自动增量时，每增加一条新记录，该字段的值就自动加 1，而且此字段的值不允许重复；插入时也可以为自增字段指定某一非零数值。

可以使用 PRIMARY KEY、UNIQUE、INDEX 等子句为字段定义索引，其中 PRIMARY KEY 表示主键，设为主键的字段值不能重复，用来唯一标识一条记录。

MySQL 支持多种存储引擎，例如 MyISAM、InnoDB、HEAP、BOB、CSV 等，其中重要的是 MyISAM 和 InnoDB 这两种存储引擎。MyISAM 存储引擎以其成熟、稳定、易于管理的特性，目前是非常节约空间和响应速度非常快的一种存储引擎，但不支持事务操作和外键约束。InnoDB 存储引擎是提供具有提交、回滚和崩溃恢复能力的事务安全存储引擎，具有更高的安全性，且支持外键约束。

【示例 5.3】在数据库 DuDaInfo 中创建商品表（product），其中 id 字段为自增的主键，name 字段不允许为空，product 表结构如表 5-1 所示。

表 5-1　product 表结构

字段	数据类型	是否非空	主码	备注
id	mediumint	NO	PRI（AUTO_INCREMENT）	商品 id
name	varchar(150)	NO		商品名
cat_id	smallint	NO		类别号（外键）
size	varchar(20)	YES		尺寸规格
price	decimal(10,2)	NO		价格
image	varchar(100)	YES		商品图片地址
content	longtext	YES		商品详情
keywords	varchar(255)	YES		关键字
add_time	date	YES		添加时间
sort	tinyint	NO		排序号

创建商品表 product。

```
CREATE TABLE product(
  id mediumint unsigned NOT NULL AUTO_INCREMENT,
  name varchar(150) NOT NULL,
```

```
cat_id smallint NOT NULL DEFAULT 0,
size varchar(20),
price decimal(10,2) unsigned NOT NULL DEFAULT 0.00,
image varchar(100) ,
content longtext,
keywords varchar(255),
add_time date,
sort tinyint unsigned NOT NULL DEFAULT 0,
PRIMARY KEY (id)
) ENGINE=InnoDB DEFAULT CHARSET=utf8;
```

4. 使用 DESC 语句查看表结构

使用 DESC 语句可以查看表结构，其语法格式如下：

DESC <表名>

【示例 5.4】查看表 product 的结构。

```
DESC product;
```

运行结果：

```
+---------+------------------------+------+-----+---------+----------------+
| Field   | Type                   | Null | Key | Default | Extra          |
+---------+------------------------+------+-----+---------+----------------+
| id      | mediumint(8) unsigned  | NO   | PRI | NULL    | auto_increment |
| name    | varchar(150)           | NO   |     | NULL    |                |
| cat_id  | smallint(6)            | NO   |     | 0       |                |
| size    | varchar(20)            | YES  |     | NULL    |                |
| price   | decimal(10,2) unsigned | NO   |     | 0.00    |                |
| image   | varchar(100)           | YES  |     | NULL    |                |
| content | longtext               | YES  |     | NULL    |                |
| keywords| varchar(255)           | YES  |     | NULL    |                |
| add_time| date                   | YES  |     | NULL    |                |
| sort    | tinyint(3) unsigned    | NO   |     | 0       |                |
+---------+------------------------+------+-----+---------+----------------+
```

5. 使用 INSERT 语句插入表数据

使用 INSERT 语句向表中插入数据，语法格式如下：

INSERT [INTO] <表名> [(字段名 1, 字段名 2, ... , 字段名 n)]
VALUE | VALUES (值 1, 值 2, ... , 值 n)

INSERT 语句中，表名后面指定的字段列表要与 VALUES 子句中表达式列表的值一一对应，即个数要相等，数据类型也要匹配。对于字符型或者日期/时间类型的数据需要使用单引号括起来。使用该语句也可一次性向表中插入多行数据，只要在 VALUES 子句的后面加上以逗号隔开的多个表达式列表即可。

【示例 5.5】向商品表（product）中插入多行数据，表中主要字段的数据如表 5-2 所示。

表 5-2　product 表主要字段的数据

id	name	cat_id	size	price	image	add_time
1	PC008-1 BENZ.with diode	1	93mm	2000.00	images/pro-1.jpg	2022-10-11
2	PC008-3A	1	101mm	599.00	images/pro-2.jpg	2022-10-15
3	PC009-6 with diode	2	94mm	1399.00	images/pro-3.jpg	2022-11-15
4	PC009-3ZZ	2	101mm	999.00	images/pro-4.jpg	2022-12-31

向 product 表中插入数据。

```
INSERT INTO product VALUES
    (1, 'PC008-1 BENZ.with diode', 1, '93mm', 2000.00, 'images/pro-1.jpg',
'PC008-1 BENZ.with diode', 'PC008-1 BENZ.with diode', '2022-10-11', 10),
    (2, 'PC008-3A', 1, '101mm', 599.00, 'images/pro-2.jpg', 'PC008-3A',
'PC008-3A', '2022-10-15', 10),
    (3, 'PC009-6 with diode', 2, '94mm', 1399.00, 'images/pro-3.jpg', 'PC009-6
with diode', 'PC009-6 with diode', '2022-11-15', 10),
    (4, 'PC009-3ZZ', 2, '101mm', 999.00, 'images/pro-4.jpg', 'PC009-3ZZ',
'PC009-3ZZ', '2022-12-31', 10);
```

【代码分析】

使用 INSERT 语句往 product 表中插入了 4 条记录，每条记录用逗号隔开。

6. 使用 UPDATE 语句修改表数据

UPDATE 语句根据指定需修改的字段，可对表中的一列或多列数据进行修改，修改时必须为其赋予新值。加上 WHERE 子句可限定要更新的数据行。语句语法格式如下：

```
UPDATE <表名>
SET 字段名 1=表达式 1 [, 字段名 2=表达式 2, … , 字段名 n=表达式 n]
[WHERE <条件>]
```

【示例 5.6】修改商品表（product）中商品信息。

```
UPDATE product
SET size='76mm', price=796.5
WHERE id=4;
```

【代码分析】

使用 UPDATE 语句对表中 id 为 4 的商品规格尺寸和价格进行修改。

7. 使用 DELETE 语句删除表数据

使用 DELETE 语句可删除表中的一条或多条记录，加上 WHERE 子句可限定要删除的数据行，否则清空整个数据表。语句语法格式如下：

```
DELETE FROM <表名>
[WHERE <条件>]
```

【示例 5.7】删除商品表（product）中 id 为 4 的商品信息。

```
DELETE FROM product
WHERE id=4;
```

【代码分析】

使用 DELETE 语句将表中 id 为 4 的商品信息删除。

8. 使用 SELECT 语句查询表数据

SELECT 语句是 SQL 的核心，主要用于数据查询检索，是使用频率极高的一条语句。根据用户要求，使用 SELECT 语句可让数据库服务器从数据表中检索出所需数据，并能够按照用户指定格式对其进行整理并返回。语句语法格式如下：

```
SELECT [ALL | DISTINCT] * | 字段列表
```

```
FROM 表名
[WHERE <查询条件>]
[GROUP BY 分组字段 [HAVING <分组条件>]]
[ORDER BY 排序字段 [ASC | DESC] ]
[LIMIT [初始位置,] 记录数]
```

SELECT 关键字后面用来指定查询返回的字段。星号（*）表示返回所有字段，并按照表中定义的字段顺序显示查询结果集；也可指定字段列表，以逗号隔开，各字段在 SELECT 子句中的顺序决定了它们在查询结果集中的顺序。DISTINCT 关键字可以用来取消重复的数据记录。FROM 子句用来指定数据来源的表。WHERE 子句用来限定返回行的查询条件。GROUP BY 子句用来指定查询结果的分组条件。ORDER BY 子句用来指定查询结果集的排序方式，ASC 表示升序，可省略，DESC 表示降序。使用 LIMIT 子句限制 SELECT 语句返回的记录数。

【示例 5.8】查询 product 表中 2022 年发布的价格最高的两种商品的信息。

```
SELECT * FROM product
WHERE add_time>='2022-01-01' AND add_time<='2022-12-31'
ORDER BY price DESC
LIMIT 0,2;
```

【代码分析】

使用 SELECT 语句根据指定 WHERE 条件进行查询，即 2021 年发布的商品，ORDER BY price DESC 表示商品按照价格的降序来排，最后 LIMIT 0,2 表示返回前两条记录。

9. 解决数据库乱码问题

如果在执行表数据的添加或修改操作时，发现保存至数据表中的中文显示为乱码，则首先在 MySQL 控制台执行如下语句，然后重新执行添加或修改操作。

```
set character_set_client='gbk';
set character_set_connection='gbk';
```

如果在执行数据查询的操作时，发现输出的中文显示为乱码，则首先执行如下语句，然后重新执行查询操作。

```
set character_set_results='gbk';
```

5.2.3 第三方模块 mysql

Node.js 中，mysql 模块是一个实现了 MySQL 协议的 JavaScript 客户端。Node.js 程序与 MySQL 数据库建立连接，执行数据增加、删除、修改和查询等操作，均可使用该模块完成。

1. mysql 模块的安装

在使用 mysql 模块前先要进行局部安装。在项目所在文件夹中启动 CMD 窗口，输入以下命令并执行：

```
npm install mysql
```

2. mysql 模块的加载

调用 mysql 模块实现功能时，需在代码中先加载该模块，语句如下所示：

```
var mysql = require('mysql');
```

引入 mysql 模块以后，我们就可以调用其一系列属性和方法完成数据库连接和操作了。

3. mysql 模块的常用方法

使用 mysql 模块的 createConnection()方法可以创建一个与 MySQL 数据库服务器连接的 connection 对象，其语句如下所示：

```
var connection = mysql.createConnection(options);
```

说明：options 是一个对象，表示数据库连接参数。常用数据库连接参数如表 5-3 所示。

表 5-3　常用数据库连接参数

参数	含义
host	MySQL 服务器名（默认值为 localhost）
port	端口号（默认值为 3306）
user	MySQL 服务器登录用户名
password	MySQL 服务器登录密码
database	需要连接的数据库名
charset	连接字符集（默认值为 UTF8_GENERAL_CI）
connectTimeout	连接超时（默认不限制；单位为 ms）

connection 对象创建成功以后，可使用其一系列方法实现数据库操作。

（1）connect()方法

使用 connection 对象的 connect()方法建立与指定数据库的连接，其语句如下所示：

```
connection.connect([callback]);
```

说明：callback 是可选参数，是一个回调函数，该函数主要有两个参数（err、result），分别表示错误信息和执行结果。

（2）query()方法

数据库连接成功之后，使用 connection 对象的 query()方法可以对数据库进行增、删、改、查操作，其语句如下所示：

```
connection.query(sqlstring, [[values,] callback])
```

说明如下。

- sqlstring 是必选参数，表示要执行的 SQL 语句。
- values 是可选参数，是一个数组，如果 SQL 语句中使用占位符，则 values 用来对应占位符的值。
- callback 是可选参数，是一个回调函数，该函数主要有两个参数（err、result），分别表示错误信息和执行结果。

（3）end()方法和 destroy()方法

数据库操作完成以后，一般要断开数据库连接。使用 connection 对象的 end()方法或者 destroy()方法可以断开数据库连接，其语句如下所示：

```
connection.end();
connection.destroy();
```

说明：end()方法在确保当前正在处理的 SQL 语句正常完成后断开连接。如果断开前有 query()尚未执行完，那么会在 query()结束之后断开数据库连接。destroy()方法则会立即断开连接，不管当前是否有正在执行的任务。

5.3　任务实现

微课视频

连接 MySQL 数据库

5.3.1　数据准备

以上述 DuDaInfo 数据库中的 product 表为例，来进行数据库的连接和操作演示。product 表是一个企业的商品数据表，主要包含 id、name、cat_id、size 等字段，该数据库及数据表在之前的示例中已创建好，product 表结构如图 5-13 所示。

```
+---------+-------------------------+------+-----+---------+----------------+
| Field   | Type                    | Null | Key | Default | Extra          |
+---------+-------------------------+------+-----+---------+----------------+
| id      | mediumint(8) unsigned   | NO   | PRI | NULL    | auto_increment |
| name    | varchar(150)            | NO   |     | NULL    |                |
| cat_id  | smallint(6)             | NO   |     | 0       |                |
| size    | varchar(20)             | YES  |     | NULL    |                |
| price   | decimal(10,2) unsigned  | NO   |     | 0.00    |                |
| image   | varchar(100)            | YES  |     | NULL    |                |
| content | longtext                | YES  |     | NULL    |                |
| keywords| varchar(255)            | YES  |     | NULL    |                |
| add_time| date                    | YES  |     | NULL    |                |
| sort    | tinyint(3) unsigned     | NO   |     | 0       |                |
+---------+-------------------------+------+-----+---------+----------------+
```

图 5-13　product 表结构

5.3.2　连接 MySQL 数据库

使用 mysql 模块连接 DuDaInfo 数据库的操作流程主要包含：局部安装 mysql，加载 mysql 模块，使用其 createConnection()方法创建数据库连接对象等。整个项目文件夹中包含的文件如图 5-14 所示。node_modules 文件夹中为下载的 mysql 第三方包及其子依赖包，conn.js 为创建的数据库连接代码文件。

图 5-14　项目文件夹中包含的文件

1. mysql 模块的加载

首先要在项目所在文件夹根目录下，下载 mysql 第三方包。打开项目文件夹，在当前目录下启动 CMD 窗口，输入以下命令并执行：

```
npm install mysql
```

mysql 模块局部安装成功后，会将该模块及其依赖的子模块一并下载到当前目录下的 node_modules 文件夹中。

2. 编写代码并运行

在项目文件夹根目录下，创建文件 conn.js，加载 mysql 模块，使用其 createConnection() 方法创建数据库连接对象 conn，再使用其 connect()方法连接数据 DuDaInfo，代码如下。

conn.js-数据库连接文件。

```
var mysql = require('mysql');      // 引入 mysql 模块
// 创建数据库连接对象
var conn = mysql.createConnection({
  host : 'localhost',
  user : 'root',
  password : '',  // 在调试时，注意修改为自己设置的登录密码
  port: '3306',    // 默认端口，可以省略不写
  database : 'DuDaInfo'
});
// 建立数据库连接
conn.connect(function(err){
  if(err){
    console.error('数据库连接失败! ' + err.message);
    return;
  }
  console.log('数据库连接成功! ');
});
// 断开数据库连接
conn.end();
```

运行结果：

数据库连接成功!

【代码分析】

首先引入 mysql 模块，然后使用 mysql 模块的 createConnection()方法创建一个数据库连接对象 conn，通过 conn 对象的 connect()方法建立与指定数据库的连接，最后通过 conn 对象的 end()方法断开与数据库的连接。如果连接成功，则在控制台输出"数据库连接成功!"。在连接数据库时，需要根据实际情况设置连接对象。在当前环境中，数据库服务器为 localhost，登录服务器的用户名为 root、登录密码为空、默认访问的数据为 DuDaInfo。在调试时，务必根据实际情况进行修改。

如果连接过程中发生异常，则在控制台输出"数据库连接失败!"，并显示相应的错误信息。比如，把登录密码修改为"123"，保存后重新运行，则运行结果如图 5-15 所示。

数据库连接失败! ER_ACCESS_DENIED_ERROR: Access denied for user 'root'@'localhost' (using password: YES)

图 5-15　数据库连接失败及其具体原因

> **!!! 小贴士**
>
> 在设置数据库连接参数时，一定要细致、严谨。注意数据库服务器地址，登录服务器的用户名、密码、数据库服务所在端口、数据库名等，都要和实际部署在计算机中的数据库环境配置完全一致，否则连接不成功，出现错误提示信息。

任务 2 实现商品信息管理

5.4 任务描述

数据库连接成功之后，就可以对数据库中的数据进行增、删、改、查操作了。本任务使用 Node.js 的 mysql 模块，结合常见的 SQL 语句（INSERT、DELETE、UPDATE、SELECT 等），实现对 DuDaInfo 数据库中 product 表中的数据进行增、删、改、查操作。当前 product 表中已插入 4 条记录，主要字段的数据如图 5-16 所示。

```
+----+---------------------+-------+---------+----------------+------------+--------+
| id | name                | size  | price   | image          | add_time   | cat_id |
+----+---------------------+-------+---------+----------------+------------+--------+
|  1 | PC008-1 BENZ.with diode | 93mm  | 2000.00 | images/pro-1.jpg | 2022-10-11 |      1 |
|  2 | PC008-3A            | 101mm |  599.00 | images/pro-2.jpg | 2022-10-15 |      1 |
|  3 | PC009-6 with diode  | 94mm  | 1399.00 | images/pro-3.jpg | 2022-11-15 |      2 |
|  4 | PC009-3ZZ           | 101mm |  999.00 | images/pro-4.jpg | 2022-12-31 |      2 |
+----+---------------------+-------+---------+----------------+------------+--------+
```

图 5-16 product 表中主要字段的数据

5.5 支撑知识

通过在 MySQL 操作台中输入对应的 SQL 命令并执行可以操作数据库，这是数据库管理人员的专业做法。如何使用 Node.js 来操作数据库呢？需要利用前文任务中创建的数据库连接对象 conn，调用其 query()方法实现表中数据操作。query()方法的第一个参数就是一条 SQL 命令语句。

5.5.1 数据库全表查询

数据库连接对象的 query()方法可以实现对表中数据的操作，query()方法接收的第一个参数为一条 SQL 语句，根据其使用的命令关键字及第一个参数对应的 SQL 语句实现数据的添加、删除、修改或查询操作。以 DuDaInfo 数据库中 product 表中的数据为例，使用连接对象的 query()方式实现对表中数据的查询。

【示例 5.9】全表数据查询。

```
var mysql = require('mysql');  // 注意，使用该模块要先进行局部安装
var connection = mysql.createConnection({
  host    : 'localhost',
  user    : 'root',
  password : '',   // 此处为自己数据库的密码
  port: '3306',
```

```
    database: 'DuDaInfo'
});
connection.connect();
// 全表查询
var sql = 'SELECT * FROM product';
connection.query(sql,function (err, result) {
        if(err){
            console.log('查询出错: ',err.message);
            return;
        }
        console.log(result);
});
```

运行结果:

```
[
  RowDataPacket {
    id: 1,
    name: 'PC008-1 BENZ.with diode',
    cat_id: 1,
    size: '93mm',
    price: 2000,
    image: 'images/pro-1.jpg',
    content: 'PC008-1 BENZ.with diode',
    keywords: 'PC008-1 BENZ.with diode',
    add_time: '2022-10-11',
    sort: 10
  },
  RowDataPacket {
    id: 2,
    name: 'PC008-3A',
    cat_id: 1,
    size: '101mm',
    price: 599,
    image: 'images/pro-2.jpg',
    content: 'PC008-3A',
    keywords: 'PC008-3A',
    add_time: '2022-10-15',
    sort: 10
  },
  RowDataPacket {
    id: 3,
    name: 'PC009-6 with diode',
    cat_id: 2,
    size: '94mm',
    price: 1399,
    image: 'images/pro-3.jpg',
    content: 'PC009-6 with diode',
    keywords: 'PC009-6 with diode',
    add_time: '2022-11-15',
    sort: 10
  },
  RowDataPacket {
    id: 4,
    name: 'PC009-3ZZ',
    cat_id: 2,
    size: '101mm',
    price: 999,
    image: 'images/pro-4.jpg',
    content: 'PC009-3ZZ',
    keywords: 'PC009-3ZZ',
    add_time: '2022-12-31',
    sort: 10
  }
]
```

【代码分析】

query()方法的第一个参数为 SQL 语句 "SELECT * FROM product"，将查询结果通过回调函数的参数 result 返回，从运行结果可知，返回的数据类型为数组，数组的每一个元素为一个对象，对应 product 表中的一条记录。

注意：运行该程序前，要在该程序所在文件夹内局部安装 mysql 模块。

5.5.2　SQL 注入攻击

上述示例中执行了全表查询，若是查询时需要根据指定的值使用 where 条件进行查询，可以通过字符串拼接的方式进行。

【示例 5.10】查询表中指定 id 值的商品信息。

```
var mysql = require('mysql');
var connection = mysql.createConnection({
```

```
  host     : 'localhost',
  user     : 'root',
  password : '',    // 此处为自己数据库的密码
  port: '3306',
  database: 'DuDaInfo'
});
connection.connect();
// 条件查询
var pid=1; // id值可能来自地址栏参数，是一个变动的值
var  sql = 'SELECT * FROM product where id=' + pid;
connection.query(sql,function (err, result) {
      if(err){
        console.log('查询出错: ',err.message);
        return;
      }
      console.log(result);
});
```

运行结果：

```
[
  RowDataPacket {
    id: 1,
    name: 'PC008-1 BENZ.with diode',
    cat_id: 1,
    size: '93mm',
    price: 2000,
    image: 'images/pro-1.jpg',
    content: 'PC008-1 BENZ.with diode',
    keywords: 'PC008-1 BENZ.with diode',
    add_time: '2022-10-11',
    sort: 10
  }
]
```

【代码分析】

query()方法的第一个参数是一条拼接的 SQL 语句，执行的条件是"where id=1"，这是一条正常的 SQL 语句。但是若拼接的参数不当，可能会导致程序被 SQL 注入攻击，应尽量避免使用这样的拼接方式进行查询。

SQL 注入就是通过把 SQL 命令插入 Web 表单提交或输入域名页面请求的查询字符串中，最终达到欺骗服务器执行恶意 SQL 命令的目的。通常由于在执行 SQL 语句时，没有对用户通过 Web 表单提交的数据或者通过 URL 参数传递的数据进行特殊字符的过滤处理等，导致了 SQL 注入的发生。

以根据用户输入的商品 id 来查询 product 表中数据为例，演示 SQL 注入的过程。

（1）假设定义变量 pid，用来接收用户输入的商品 id 的值。

（2）根据用户输入的商品 id 的值来查询 product 表中数据，拼接后的 SQL 查询语句如下所示：

```
var sql = 'SELECT * FROM product WHERE id=' + pid;
```

（3）正常情况下，我们期待用户输入的是正常的商品 id，例如 1、3 等，则语句被分别

123

转换：

```
var sql = 'SELECT * FROM product WHERE id=1';
var sql = 'SELECT * FROM product WHERE id=3';
```

如果这样，上述语句被执行后，确实能够按照我们所期待的结果查询出相应的商品信息。

（4）但是，如果用户将 pid 的值设为字符串"1 or 1=1"，则语句被转换：

```
var sql = 'SELECT * FROM product WHERE id=1 or 1=1';
```

那么，上述语句被执行后，则查询出了所有的商品信息，这并不是我们所期待的结果。其原因就是用户输入的商品 id 是一个经过巧妙设计的值，当设定"1 or 1=1"时，相当于"1 or true"，最终值为 true，则表示 where 条件永真，相当于执行了全表查询，表中的数据会被全部暴露出来，因为原来的 SQL 查询被篡改了，则 SQL 注入攻击得以实现。

!!! 小贴士

随着 B/S 模式应用技术的迅猛发展以及数据库在 Web 中的广泛应用，SQL 注入逐渐成为黑客对数据库进行攻击的最常用的手段之一。作为程序开发人员，在开发时，一定要充分考虑对用户输入的数据进行合法性验证，尽可能消除应用程序出现的安全隐患。

为预防 SQL 注入，在编程时应注意以下几点要求。

- 不要信任外部数据（不是由程序员在代码中直接输入的任何数据）。
- 对来自任何其他来源的数据都要采取措施确保安全（数据来源包括表单、配置文件、会话变量等）。
- 不要使用直接拼接 SQL 语句的方式进行查询，推荐使用参数化 SQL 语句。

5.5.3 参数化 SQL 语句

使用 connection 对象的 query()方法可以实现数据的添加、删除、修改和查询操作，语法如下。

```
connection.query(sqlstring, [[values,] callback])
```

第一个参数 sqlstring 用于指定要执行的 SQL 语句，如 INSERT、DELETE、UPDATE 和 SELECT 语句。此时，若直接拼接 SQL 语句进行查询会带来 SQL 注入攻击风险。

为了解决这个问题，可以在 SQL 语句中使用占位符"?"，然后把值传递给这些占位符来实现数据库操作，这种方式称为参数化 SQL 语句。

以根据用户输入的商品 id 来查询 product 表中数据为例，演示构建参数化 SQL 语句的过程。

（1）构造实现数据查询操作的 SQL 语句模板，使用占位符"?"标记预留的值。query()方法中的第一个参数设置如下：

```
var sql = 'SELECT * FROM product WHERE id=?';
```

（2）定义一个数组，按序保存需要传递给这些占位符"?"的值。query()方法中的第二个参数设置如下：

```
var params = [3];
```

（3）把以上变量作为参数代入 query()方法中执行即可。

这种查询方式的优点是可以有效防止 SQL 注入攻击，因为数据库服务器在数据库完成 SQL 语句的编译后，才套用参数运行，不会提前将参数值拼接到 SQL 语句中来处理，所以即使参数中含有一些非法指令，这些指令也不会被运行，从而确保安全，推荐使用这种查询方式。

在构造带有占位符"?"的 SQL 语句模板时，可以使用"?"代替数据，也可使用"??"代替表名、字段名。以上语句可更改如下：

```
var sql = 'SELECT * FROM ?? WHERE id=?';
var params = ['product', 3];
```

5.6 任务实现

微课视频

数据库操作

5.6.1 数据准备

基于已有的 DuDaInfo 数据库，使用 mysql 模块实现对 product 表中数据的增、删、改、查，主要包括添加一条商品信息、修改商品价格、删除一条指定商品信息、实现特定条件的商品信息查询等。表中原始数据为 4 条商品信息，如上图 5-16 所示。

5.6.2 数据库操作

基于模块化开发的思想，使用 mysql 模块操作 product 表中数据的流程主要包含：局部安装 mysql，创建数据库连接模块 db.js，编写程序 manage.js 实现数据操作功能，整个项目文件夹中包含的文件如图 5-17 所示。

> 🗁 node_modules
> 🗋 db.js
> 🗋 manage.js
> 🗋 package-lock.json

图 5-17　项目文件夹中包含的文件

1. 局部安装 mysql 模块

首先要在项目所在文件夹根目录下，下载 mysql 第三方包。打开项目文件夹，在当前目录下启动 CMD 窗口，输入以下命令并执行：

```
npm install mysql
```

mysql 模块局部安装成功后，会将该模块及其依赖的子模块一并下载到当前目录下的 node_modules 文件夹中。

2. 创建数据库连接模块 db.js

在项目文件夹根目录下，创建模块 db.js，加载 mysql 模块，使用其 createConnection()方法创建数据库连接对象 conn，连接指定数据库 DuDaInfo。通过 module.exports 暴露该对象，供其他文件调用，代码如下。

db.js-自定义数据库连接模块。

```
var mysql = require('mysql');    // 引入 mysql 模块
// 创建数据库连接对象
var conn = mysql.createConnection({
  host : 'localhost',
  user : 'root',
  password : '',
  database : 'DuDaInfo'
});
// 建立数据库连接
conn.connect(function(err){
  if(err){
    console.error('数据库连接失败！ ' + err.message);
    return;
  }
});

// 把创建的 conn 对象暴露出去，以供其他文件调用
module.exports.conn = conn;
```

【代码分析】

代码中首先引入 mysql 模块，然后使用 mysql 模块的 createConnection()方法创建一个数据库连接对象 conn，再通过 conn 对象的 connect()方法建立与指定数据库的连接，最后把创建的 conn 对象暴露出去，以供其他文件调用。

3. 编写程序 manage.js 实现数据操作功能

编写程序 manage.js，定义功能 SQL 语句，使用 conn 对象的 query()方法实现对应的数据操作。

（1）查询最新发布的 2 条商品信息

manage.js-管理表中的商品数据。

```
var db = require('./db.js'); // 引入自定义模块 db.js
// 编写 SQL 语句
var sql = 'SELECT id,name,price,image,add_time FROM product order by add_time desc limit 0,2';
// 执行 SQL 语句
db.conn.query(sql, function(err, result){
  if(err){
    console.error('查询商品信息出错: ' + err.message);
    return;
  }
  // 输出查询结果（返回的是一个数组，每个元素为一个对象）
  console.log(result);
});
```

运行结果：

```
[
  RowDataPacket {
    id: 4,
    name: 'PC009-3ZZ',
    price: 999,
    image: 'images/pro-4.jpg',
    add_time: 2022-12-30T16:00:00.000Z
  },
  RowDataPacket {
    id: 3,
    name: 'PC009-6 with diode',
    price: 1399,
    image: 'images/pro-3.jpg',
    add_time: 2022-11-14T16:00:00.000Z
  }
]
```

【代码分析】

首先引入自定义模块 db.js，目的是使用其中暴露的数据库连接对象 conn，此时注意要写成模块名.对象名，即 db.conn。然后设置 query()方法的第一个参数为 SQL 语句，将查询结果通过回调函数的参数 result 返回。从运行结果可知，返回的数据类型为数组。

（2）根据商品类别号查询商品信息

实际 Web 应用开发中，常常需要实现商品分类查询，程序要根据给定的类别号值到表中进行查询。在刚才的文件中，继续追加代码，并运行该段代码。

manage.js-管理表中的商品数据。

```
// 构造带有占位符 "?" 的 SQL 语句
var sql = 'SELECT id,name,price,image,add_time,cat_id FROM product WHERE cat_id = ?';
// 定义一个数组，保存需要传递给占位符 "?" 的值
var params = [1];
// 执行 SQL 语句
db.conn.query(sql, params, function(err, result){
  if(err){
    console.error('查询商品信息出错: ' + err.message);
    return;
  }
  // 输出查询结果（返回的是一个数组，数组元素为一个对象）
  console.log(result);
});
```

运行结果：

```
[
  RowDataPacket {
    id: 1,
    name: 'PC008-1 BENZ.with diode',
    price: 2000,
    image: 'images/pro-1.jpg',
    add_time: 2022-10-10T16:00:00.000Z,
    cat_id: 1
  },
  RowDataPacket {
    id: 2,
    name: 'PC008-3A',
    price: 599,
    image: 'images/pro-2.jpg',
    add_time: 2022-10-14T16:00:00.000Z,
    cat_id: 1
  }
]
```

【代码分析】

设置 query()方法的第一个参数为带有占位符"?"的 SELECT 语句，设置 query()方法的第二个参数为一个给占位符"?"传值的数组，实现了 cat_id 为"1"的商品分类查询，这种查询方式就是参数化查询。若把 params 变量值更改为"**1 or 1=1**"：

```
var params = [1 or 1=1];
```

运行结果显示错误信息，不能获取表中所有数据，运行结果如图 5-18 所示。由此可见有效防止了 SQL 注入攻击。

```
var params = [1 or 1=1];
                 ^^

SyntaxError: Unexpected identifier
    at Object.compileFunction (node:vm:352:18)
    at wrapSafe (node:internal/modules/cjs/loader:1033:15)
    at Module._compile (node:internal/modules/cjs/loader:1069:27)
    at Object.Module._extensions..js (node:internal/modules/cjs/loader:1159:10)
    at Module.load (node:internal/modules/cjs/loader:981:32)
    at Function.Module._load (node:internal/modules/cjs/loader:822:12)
    at Function.executeUserEntryPoint [as runMain] (node:internal/modules/run_main:77:12)
    at node:internal/main/run_main_module:17:47
```

图 5-18　运行结果

（3）添加一条商品信息。

通过参数化 SQL 语句，根据给定的字段值，向 product 表中插入一条商品信息。在 manage.js 中继续追加代码，并进行分段调试运行。

manage.js-管理表中的商品数据。

```
var db = require('./db.js'); // 引入自定义模块 db.js
// 构造带有占位符"?"的 SQL 语句
var sql = 'INSERT INTO product(name, size, price, image, cat_id, add_time) VALUES(?, ?, ?, ?, ?, ?)';
// 定义一个数组，保存需要传递给占位符"?"的值
var params = ['PC111-1MM', '55mm', 555, 'images/pro-5.jpg', 2, '2023-01-12'];
// 执行 SQL 语句
db.conn.query(sql, params, function(err, result){
  if(err){
    console.error('添加商品信息出错: ' + err.message);
    return;
  }
  console.log('添加商品信息成功! ');
});
```

【代码分析】

设置 query()方法的第一个参数为带有占位符"?"的 INSERT 语句，设置 query()方法的第二个参数为一个给占位符"?"传值的数组，实现了商品信息的添加操作。

运行成功以后，查看 product 表中数据，如图 5-19 所示。

图 5-19　添加一条商品信息

（4）修改一条商品信息。

通过参数化 SQL 语句，对指定商品 id 的商品尺寸和价格进行修改。在 manage.js 中继续追加代码，并进行分段调试运行。

manage.js-管理表中的商品数据。

```
// 构造带有占位符 "?" 的 SQL 语句
var sql = 'UPDATE product SET size=?, price=? WHERE id=?';
// 定义一个数组，保存需要传递给占位符 "?" 的值
var params = ['76mm', 796.5, 5];
// 执行 SQL 语句
db.conn.query(sql, params, function(err, result){
  if(err){
    console.error('修改商品信息出错: ' + err.message);
    return;
  }
  console.log('修改商品信息成功! ');
});
```

【代码分析】

设置 query()方法的第一个参数为带有占位符 "?" 的 UPDATE 语句，设置 query()方法的第二个参数为一个给占位符 "?" 传值的数组，实现了 id 为 "5" 的商品信息的修改操作，更改了 size 和 price 字段的值。

运行成功以后，查看 product 表中数据，如图 5-20 所示。

图 5-20　修改商品信息

（5）删除一条商品信息。

通过参数化 SQL 语句，删除指定 id 的商品信息。在 manage.js 中继续追加代码，并进行分段调试运行。

manage.js-管理表中的商品数据。

```
// 构造带有占位符 "?" 的 SQL 语句
var sql = 'DELETE FROM product WHERE id = ?';
// 定义一个数组，保存需要传递给占位符 "?" 的值
```

```
var params = [5];
// 执行 SQL 语句
db.conn.query(sql, params, function(err, result){
  if(err){
    console.error('删除商品信息出错: ' + err.message);
    return;
  }
  console.log('删除商品信息成功! ');
});
// 断开数据库连接
db.conn.end();
```

【代码分析】

设置 query()方法的第一个参数为带有占位符 "?" 的 DELETE 语句，设置 query()方法的第二个参数为一个给占位符 "?" 传值的数组，实现了 id 为 "5" 的商品信息的删除操作。运行成功以后，查看 product 表中数据，发现 id 为 "5" 的商品信息已不存在。

拓展实训——查询商品信息

1. 实训需求

单元 4 中通过前后端商品数据交互，通过静态页面向服务器发送 AJAX 请求，将一个 JSON 文件中的商品数据显示在页面中。在实际应用中，为了便于维护数据，企业门户网站中的商品、新闻等数据一般存储在数据库中，如何将数据表中的数据查询出来并显示在页面是 Web 应用开发人员必须掌握的一个技能。

查询 DuDaInfo 数据库中的 product 表数据，通过 Web 页面实现商品信息的展示，要求在首页的 "产品展示" 区域显示 4 件商品的信息，如图 5-21 所示。

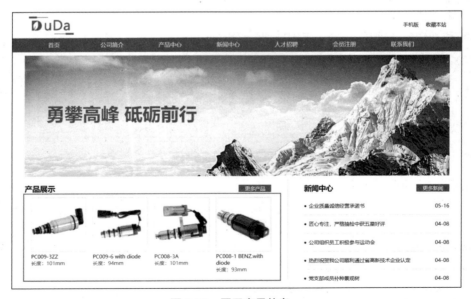

图 5-21　展示商品信息

2. 实训步骤

（1）准备静态网页模板和 MySQL 数据库数据。

（2）创建 Web 服务器，查询 MySQL 数据库中的商品数据，并将其响应到客户端。

（3）在静态页面中编写代码，向服务器发送请求，将接收到的商品数据呈现在页面中。

项目包文件列表如图 5-22 所示，其中 DuDa 文件夹中为页面所需的 CSS 文件、图片和 JS 文件，index.html 为公司首页文件，server.js 为服务端文件。

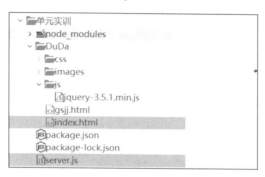

图 5-22　项目包文件列表

3. 实现过程

（1）静态页面模板

微课视频

查询商品信息

实现动态网页之前，要准备一个静态页面模板，该模块可以自行设计实现，或参考在网站下载的对应主题模板进行改造实现。静态页面模板中已有 4 个商品的静态数据，Web 应用开发的主要目的是要把页面中的静态数据更换为从服务器获取的动态数据。

静态页面中已有的商品数据如下，其他部分的 HTML 代码详见附录中的 index.html 完整代码。

index.html-首页模板。

```
<section class="product">
<h2>产品展示</h2><a href="#">更多产品</a>
<ul>
    <li>
        <h4>hot!</h4>
        <a href="#"><img src="images/pro-1.jpg" alt="">
         <p>商品 1<br><span>长度：80mm</span></p>
        </a>
    </li>
    <li><a href="#"><img src="images/pro-2.jpg" alt="">
        <p>商品 2</br><span>长度：80mm</span></p>
    </a></li>
    <li><a href="#"><img src="images/pro-3.jpg" alt="">
        <p>商品 3<br><span>长度：80mm</span></p>
    </a></li>
```

```
        <li><a href="#"><img src="images/pro-4.jpg" alt="">
            <p>商品 4</br><span>长度：80mm</span></p>
        </a></li>
    </ul>
</section>
```

【代码分析】

产品展示区域对应的标签为\<section class="product"\>，其内部有一个无序列表\<ul\>，4 个商品的数据对应的 HTML 标签为\<li\>。分析商品布局中 HTML 标签的层次关系，有助于在获取数据后，进行网页元素的获取，并将数据显示在网页的准确位置。

（2）局部安装 mysql 模块

在项目所在文件夹中启动 CMD 窗口，输入以下命令并执行：

```
npm install mysql
```

安装完成后，出现 node_modules 文件夹，里面有下载的 mysql 第三方包及其依赖包。

（3）编写服务端代码

创建 server.js 文件，调用 http 模块，创建 Web 服务器，当接收到客户端的 request 请求时，连接数据库 DuDaInfo，并查询最新发布的 4 个商品的数据，将其响应到客户端。

server.js-构建 Web 服务器。

```
// 创建 Web 服务器，并把查询到的商品数据响应到客户端
var http=require('http');
var server=http.createServer();
server.on('request',function(request,response){
  // 解决跨域问题，*表示所有地址都可以访问
  response.setHeader('Access-Control-Allow-Origin','*');
  // 设置响应到客户端的为 JSON 数据
  response.writeHead(200,{'Content-Type':'application/json;charset=utf-8'});
  var mysql = require('mysql');   // 引入 mysql 模块
  // 创建数据库连接对象
  var conn = mysql.createConnection({
    host : 'localhost',
    user : 'root',
    password : '',
    database : 'DuDaInfo'
  });
  // 建立数据库连接
  conn.connect(function(err){
    if(err){
      console.error('数据库连接失败！ ' + err.message);
      return;
    }
  });
  // 编写 SQL 语句（查询最新上架的 4 个商品的数据）
  var sql = 'SELECT * FROM product ORDER BY add_time DESC LIMIT 0,4';
```

```
  // 执行 SQL 语句
  conn.query(sql, function(err, result){
    if(err){
      console.log('查询商品数据出错: ' + err.message);
      return;
    }
    // 输出查询结果（返回的是一个数组，每个元素为一个对象）
    console.log(result);
    response.end(JSON.stringify(result));      // 结束响应并向客户端发送响应数据
  });
  // 断开数据库连接
  conn.end();
});
server.listen(3009,function(err){
  console.log('服务器创建成功! http://localhost:3009');
});
```

【代码分析】

使用 http.createServer()方法创建 Web 服务器 server，通过 server.on()方法创建 request 事件监听器，当服务器接收到前端页面发来的 request 请求后，连接数据库，根据指定条件查询商品数据，使用 JSON.stringify()方法把数组类型的查询结果转换为 JSON 字符串，再使用 response.end()结束响应并向客户端发送响应数据，并通过 server.listen()方法监听端口号 3009。注意代码中要允许跨域访问。

（4）客户端向服务器发送 AJAX 请求

向已经运行的服务器发送 AJAX 请求，获取响应数据，循环遍历数据，在网页中获取"产品展示"的 HTML 元素，根据原有的静态数据布局，动态地追加<li>标签，呈现商品信息。

先把 index.html 文件中的 4 条商品静态代码（从第一个标签<li>到最后一个标签</li>）注释掉，保留一对<ul>标签，静态代码详见附录中的说明，然后在 index.html 的<head>标签中编写代码：

```
<script src="js/jquery-3.5.1.min.js"></script>
<script>
  $(function(){
    $.ajax({
      url: "http://localhost:3009",
      type: "get",
      dataType: "json",
      success: function(resp){
        console.log(resp, resp.length);      // 使用浏览器控制台测试服务器返回的数据
        var arrProduct = resp;  // 数组类型，数组元素为对象，一个对象代表一条商品数据
        for(var i=0; i<arrProduct.length; i++){
          var image = arrProduct[i].image;
          var name = arrProduct[i].name;
          var size = arrProduct[i].size;
```

```
            var li = $('<li><a href="#"><img src="' + image + '"><p>' + name +
'</br><span>长度: ' + size + '</span></p></a></li>');
            $('section.product ul').append(li);
        }
    }
    .});
    });
</script>
```

【代码分析】

客户端的 HTML 页面通过 AJAX 向服务器地址 http://localhost:3009 发送请求。Web 服务器接收请求后，根据指定条件查询商品数据，并把查询结果响应给 HTML 页面。由于客户端获得的数据已被解析为数组形式，因此可以通过 for 循环语句依次取得每一条商品数据中 image、name 和 size 属性的值，创建一个包含商品信息的 HTML 标签，再通过$('section.product ul').append() 方法把查询数据添加到页面的指定位置。

（5）运行程序，查看页面效果

在项目所在文件夹中启动 CMD 窗口，输入以下命令并执行启动服务器：

```
nodemon server.js
```

双击文件 index.html，页面"产品展示"区域显示了数据表中的商品数据，运行结果如图 5-23 所示。

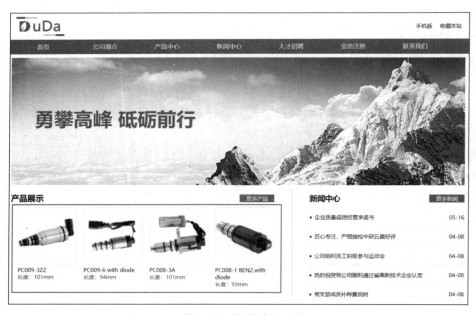

图 5-23　运行结果

index.html 代码中语句"console.log(resp, resp.length);"用来在浏览器控制台测试是否取得了服务器响应的数据。双击 index.html 打开浏览器后，按"F12"键，单击"Console"可以看到测试数据已成功获取，如图 5-24 所示。在开发应用时，建议使用该方法进行数据调试、测试，当浏览器控制台能够获取数据后，才有可能通过进一步处理，将数据显示在页面中。

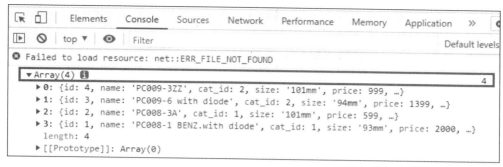

图 5-24　测试数据已成功获取

单元小结

本单元主要介绍了 MySQL 数据库的常见操作，以及使用 mysql 模块实现数据表中数据增、删、改、查操作的方法和步骤；通过拓展实训详细讲解了基于数据库的 Web 应用开发过程和实现过程。通过对这些内容的学习，可为读者多场景下的数据库编程提供学习参考。

单元习题

一、填空题

1. mysql 模块是（　　　）模块，需要先实现局部安装才可在代码中引用。

2. mysql 模块通过（　　　）方法创建 MySQL 连接对象，进而连接指定的数据库。

3. 创建数据库连接时，需要接收一个对象参数，主要包含（　　　）参数。

4. MySQL 连接对象的（　　　）方法用于终止一个连接。

5. MySQL 数据库连接对象的（　　　）方法用来执行 SQL 语句，从而对数据库进行相应的操作。

二、单选题

1. 使用 INSERT INTO 语句向表中插入 3 条数据时，最少需要（　　　）个 VALUES 关键字。

    A. 1　　　　　　　　B. 2　　　　　　　　C. 3　　　　　　　　D. 0

2. 查询商品名中包含"电"字的正确 SQL 语句是（　　　）。

    A. Select * from product where name="电"

    B. Select * from product where name="%电%"

    C. Select * from product where name like "?电?"

    D. Select * from product where name like "%电%"

3. 局部安装核心模块 mysql 的命令是（　　　）。

    A. npm help mysql　　　　　　　　　　　　B. npm h mysql

    C. npm uninstall mysql　　　　　　　　　　D. npm install mysql

4. 在下面的选项中，对 MySQL 数据库描述不正确的是（　　　）。

    A. MySQL 属于 C/S 结构软件

B. 在 XAMPP 组合开发环境中，MySQL 用来保存网站中的内容数据

C. 可使用 Node.js 处理 MySQL 服务器中的数据

D. MySQL 服务器必须和 Web 服务器安装在同一台计算机中

5. 连接 MySQL 数据库时，（　　）参数代表要连接数据库所在的服务器。

    A. host   B. port   C. user   D. password

三、简答题

1. 请简述核心模块 mysql 的常用方法与功能。

2. 在 Node.js 中如何避免 SQL 注入攻击？

3. 对于数据库中查询到的多条商品数据，如何在页面将其逐条呈现出来？

单元 ⑥ Express 框架开发

本单元主要介绍 Node.js 的轻量级 Web 开发框架——Express 框架，以 DuDa 企业门户网站为例，结合 MySQL 数据库，分任务介绍主要页面的实现过程，主要包括 Express 框架的搭建、首页商品展示、商品分类列表页、商品详情页和其他图文页面。通过对本单元的学习，读者可掌握 Express 框架安装、路由配置、中间件使用、ejs 模板引擎数据渲染的基本原理和流程等，从而快速实现一个功能较完整的 Web 应用的开发。

1. 知识目标

（1）掌握使用 Express 框架搭建项目环境的步骤。
（2）掌握路由的配置。
（3）掌握前后端的请求与响应的处理。
（4）掌握中间件的使用。
（5）了解 pug 模板引擎模板语法。
（6）掌握 ejs 模板引擎模板语法。
（7）掌握 ejs 集成模板引擎的运用。

2. 能力目标

（1）能够根据企业项目需求，设计数据表。
（2）能够使用 Express 框架搭建项目。
（3）能够理解路由的功能与实现要点。
（4）根据功能模块，使用路由、模板引擎实现页面。

3. 素养目标

（1）培养读者形成框架应用开发的思维。
（2）培养读者根据实际需求进行任务规划与实现的能力。
（3）培养读者根据已学知识进行迁移的能力。

任务1 基于 Express 框架搭建项目

6.1 任务描述

Express 框架是一个基于 Node.js 平台的快速、开放、极简的 Web 开发框架，可为 Web 和移动应用程序提供一组强大的功能。

本任务使用局部安装的 Express 框架来搭建 DuDa 企业网站项目，主要包含创建项目文件夹、生成包描述文件、编写主程序等操作。项目搭建完成后，查询 product 表中最新发布

微课视频

基于 Express 框架
搭建项目

的 4 条数据，并将其响应到客户端浏览器。页面效果如图 6-1 所示。

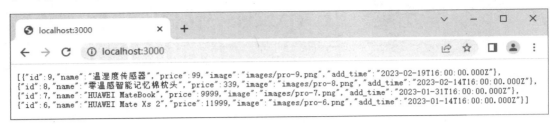

[{"id":9,"name":"温湿度传感器","price":99,"image":"images/pro-9.png","add_time":"2023-02-19T16:00:00.000Z"},
{"id":8,"name":"零温感智能记忆棉枕头","price":339,"image":"images/pro-8.png","add_time":"2023-02-14T16:00:00.000Z"},
{"id":7,"name":"HUAWEI MateBook","price":9999,"image":"images/pro-7.png","add_time":"2023-01-31T16:00:00.000Z"},
{"id":6,"name":"HUAWEI Mate Xs 2","price":11999,"image":"images/pro-6.png","add_time":"2023-01-14T16:00:00.000Z"}]

图 6-1　页面显示 JSON 数据

6.2　支撑知识

Express 框架是基于 Node.js 的一个简洁而灵活的 Web 开发框架，其提供的强大功能可以用于快速搭建各种 Web 应用。

6.2.1　Express 简介与安装

Express 框架实现简单，配置方便，易于控制，其主要特性如下。

- 通过设置中间件来处理 HTTP 请求。
- 通过路由来执行不同的 HTTP 请求操作。
- 通过模板来渲染 HTML 页面。

Express 框架的安装方式主要分两种：局部安装和全局安装。

微课视频

Express 简介与
安装

1. 局部安装 Express 框架

局部安装的框架只对当前的项目有效。局部安装前，要先创建一个项目文件夹，如在 E 盘下创建 DuDa 文件夹。

（1）生成 package.json 文件

按照 Node.js 规范，每个项目应有一个包描述文件 package.json，其定义了项目开发者、版本和依赖包等信息。打开 DuDa 文件夹，进入当前目录下的 CMD 窗口，输入命令并执行：

```
npm init -y
```

则按照默认参数值生成了 package.json 文件，如图 6-2 所示。

图 6-2　自动生成 package.json 文件

（2）安装 Express 框架

使用 npm 命令安装 Express 框架（见图 6-3），下载的依赖包信息会被自动保存到 package.json 文件的依赖列表中。继续在当前 CMD 窗口，输入以下命令并执行以下载 express 包：

```
npm install express
```

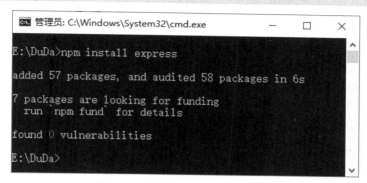

图 6-3　局部安装 Express 框架

（3）测试运行

在 DuDa 目录下创建主程序 app.js 文件，并编写代码，运行该文件查看页面效果。app.js-项目入口文件。

```
const express = require('express');
const app = express();
app.get('/',function(req,res){
    res.send('这是首页!')  // 访问网站首页时，页面返回该字符串
});
app.listen(3000);  // 监听端口
```

在当前 CMD 窗口输入以下命令并执行：

```
nodemon app.js
```

运行该文件后，打开浏览器，输入网址 http://localhost:3000 并按"Enter"键，便可以看到浏览器显示文字"这是首页!"，如图 6-4 所示。

图 6-4　浏览器显示页面

【代码分析】

上述代码加载包并创建了一个 express 实例，名为 app，整个应用监听端口 3000。代码第 3 行，当服务器接收到一个 URL 为"/"的 get 请求时，即在地址栏输入了 http://localhost:3000 并按"Enter"键后，服务器向客户端发送字符串"这是首页!"。

该 Web 应用程序只实现了一个简单的 Web 服务器，后文将深入学习 Express 框架中的请

求与响应、路由配置等内容，【示例 6.1】～【示例 6.6】在调试时可对 app.js 文件中带下划线的代码进行替换。

2. 全局安装 Express 框架

通过使用生成器工具，可以快速创建一个 Express 框架。在 Express 框架的 4.x 版本中，其应用生成器 express-generator 已经被分离出来。全局安装 Express 框架时，通常还需安装 express-generator。安装成功之后，可以通过 express 命令快速创建应用。

（1）全局安装 Express 和 express-generator

打开 CMD 窗口，输入以下命令并执行：

```
npm install express express-generator -g
```

（2）查看 Express 版本

安装完 Express 和生成器 express-generator 后，查看 Express 版本信息。打开 CMD 窗口，输入以下命令并执行：

```
express --version
```

如果能够查看版本信息，表示 express 安装成功，如图 6-5 所示。

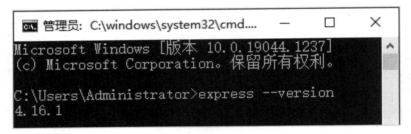

图 6-5　查看 Express 版本

接下来就可以在 CMD 窗口中使用 express 命令创建基于 Express 框架的项目包，具体操作过程在任务实现中进行详细讲解。

6.2.2　路由

路由是 Express 框架中最重要的功能之一。服务器根据客户端的用户请求的统一资源标识符（Uniform Resource Identifier，URI）和请求方式（get、post 等）选择相应处理逻辑的方式叫作路由。路由决定应用程序如何根据用户请求的路径（URI）和 HTTP 请求方式处理请求，根据需求返回相应的内容。每个路由可以有一个或多个处理函数，函数在路由匹配时执行。

微课视频

路由配置

定义路由的语法如下：

```
app.METHOD(PATH, HANDLER)
```

语法说明如下。

- app：Express 的应用实例。
- METHOD：路由请求方式，注意使用小写。
- PATH：请求的路由路径。
- HANDLER：路由函数，匹配时执行。

例如，请求路径为 "/"，也就是网站根目录或首页，请求方式为 get，则代码如下：

```
app.get('/', function(req,res){
    res.send('这是首页! ')
});
```

function(req,res){} 是路由匹配时执行的函数，其中 req 和 res 分别对应请求对象和响应对象。该函数中的语句 "res.send()" 用来向客户端发送内容，也就是在用户访问该网站时，页面上显示 "这是首页! "

1. 路由请求方式

路由的请求方式是从 HTTP 方法派生的，Express 框架支持所有的 HTTP 请求方式：get、post、delete、put、patch、head 和 options。如果需要使用一个路由来处理所有的请求方式，可以使用 all 方式。

【示例 6.1】创建不同请求方式的 app 路由。

app.js-get 请求方式。

```
app.get('/', function(req,res){
    res.send('This is get page!')
});
```

app.js-post 请求方式。

```
app.post('/', function(req,res){
    res.send('This is post page!')
});
```

app.js-all 请求方式，接受任意的 HTTP 请求方法。

```
app.all('/secret', function(req,res,next){
    res.send('This is all request page!')
});
```

【代码分析】

对于路由中的请求方式，注意使用小写。HTTP 特殊方法 all，表示能够接受任意的请求方式。

2. 路由路径匹配

根据项目不同的需求，路由路径匹配有不同的写法，主要有基于字符串、字符串模板和路由正则的路由路径，还有带路由参数的路由路径（在 6.8 节中讲解）。

（1）基于字符串的路由路径

一般根据项目功能和页面设计，使用 "/" 后面加字符串的方式来区分不同的地址，分别对其进行不同的处理，实现不同的功能。

【示例 6.2】基于字符串的路由路径匹配。

app.js-路由路径匹配根路由 "/"。

```
app.get('/', function(req, res) {
    res.send('root');
});
```

app.js-路由路径匹配 "/product"。

141

```
app.get('/product', function(req, res) {
    res.send('product lists');
});
```

app.js-路由路径匹配 "/login.php"。

```
app.get('/login.php', function(req, res) {
    res.send('login.php');
});
```

【代码分析】

根据不同的路由路径匹配执行不同的函数，如路由路径匹配 "/login.php"，调用函数向客户端发送字符串 "login.php" 的函数。

注意： 只是匹配路由路径名 "login.php"。类似于将路径伪造成了一个 PHP 文件，并不是真正地启动或加载 PHP 文件。

（2）基于字符串模板的路由路径匹配

基于字符串模板的路由路径匹配，会在字符串中加入一些通配符，如 "?" "+" "*" "()?" 等，可实现批量的路由处理，提高开发效率。"?" 表示至多一个；"+" 表示至少一个；"*" 表示任意数量字符；"()?" 表示括号里的字符要么有，要么没有。

【示例 6.3】基于字符串模板的路由路径匹配。

app.js-路由路径匹配 "/ab?cd"。

```
app.get('/ab?cd', function(req, res) {
    res.send('ab?cd');
});
```

app.js-路由路径匹配 "/ab+cd"。

```
app.get('/ab+cd', function(req, res) {
    res.send('ab+cd');
});
```

app.js-路由路径匹配 "/ab*cd"。

```
app.get('/ab*cd', function(req, res) {
    res.send('ab*cd');
});
```

app.js-路由路径匹配 "/ab(cd)?e"。

```
app.get('/ab(cd)?e', function(req, res) {
    res.send('ab(cd)?e');
});
```

【代码分析】

"ab?cd" 中的 "?" 表示至多一个，在该表达式中表示至多一个 b，因此可以是 "acd"，也可以是 "abcd"。"ab+cd" 中的 "+" 表示至少一个，在该表达式中表示至少一个 b，因此可以是 "abcd"，也可以是 "abbcd"，还可以是 "abbbcd" 等。"ab*cd" 中的 "*" 表示任意数量的字符，因此 "ab" 和 "cd" 之间可以有任意多个字符。"ab(cd)?e" 中的 "()?" 表示括号里的字符要么有，要么没有，因此，可以是 "abe"，也可以是 "abcde"。

（3）基于路由正则的路由路径匹配

根据正则表达式的规范来定义路由地址，按照正则表达式的规则进行地址解析。

【示例 6.4】基于路由正则的路由路径匹配。

app.js-路由路径匹配包含"p"字母的任意路径。

```
app.get('/p/', function(req, res) {
    res.send('/p/');
});
```

app.js-路由路径匹配"es"结尾的任意路径。

```
app.get('/.*es', function(req, res) {
    res.send('/.*es$');
});
```

【代码分析】

"p/"和".*es"符合正则表达式的规范，具体的正则表达式规范可参考官方手册。

3. 路由函数

路由方法和路由路径匹配之后，就会执行对应的路由函数，路由函数包含 3 个部分：请求对象、响应对象和匹配的下一个路由函数（可选参数）。

（1）单个路由函数

在 Express 框架中，默认使用单个路由函数，当服务器接收到相匹配的请求后，进行对应的响应处理，然后结束本次请求处理。

【示例 6.5】单个路由函数。

app.js-单个路由函数。

```
app.get('/product', function(req, res, next) {
    res.send('这是商品列表页！');
});
```

（2）数组形式的执行函数

可以使用数组将要执行的路由函数按序组织起来，当服务器接收到相匹配的请求后，按序进行响应处理，然后结束本次请求处理。

【示例 6.6】数组形式的路由函数。

app.js-执行函数为数组形式。

```
var r1 = function(req, res, next) {
    console.log('返回 1');  // 在控制台输出
    next();
}
var r2 = function(req, res, next) {
    console.log('返回 2');  // 在控制台输出
    next();
}
var r3 = function(req, res) {
    res.send('响应 3');  // 响应到客户端
}
app.get('/test', [r1, r2, r3]);
```

【代码分析】

路由函数为数组形式时，会依次执行数组中的函数，从第一个函数 r1，第二个函数 r2，直到最后一个函数 r3 执行完成。前面 2 个函数都有 next 参数，用于传递中间件的控制权。运行后，会在控制台先输出两段文本"返回 1"和"返回 2"，然后将"响应 3"响应到客户端显示在浏览器中，如图 6-6 所示。

图 6-6　数组形式的路由函数运行结果

路由是 Express 框架中非常重要的概念，只有深入理解了路由的实现方法，根据不同的应用场景定义合适的路由，才能灵活使用 Express 框架进行项目开发。

6.2.3　中间件

在软件工程领域，中间件是一个已被广泛应用的概念。在 Express 框架中，中间件也是非常重要的概念，主要有自定义中间件、第三方中间件、内置中间件和错误中间件。Express 的应用本质上就是调用各种中间件。

服务器的生命周期：接收请求—处理请求—发出响应，这是一个请求—响应的循环周期。处理请求部分，一般较为复杂。为了逻辑单元独立和便于维护，可以将这部分的处理拆分成一个个子单元处理，此时子单元的请求处理就是中间件。服务器接收到请求的时候，会依次执行每个中间件，直到调用终止，发出响应给客户端。

中间件的功能主要如下。

- 执行任何代码。
- 修改请求和响应对象。
- 结束请求—响应周期。
- 调用下一个中间件。

中间件其实是一个函数，一般包含访问请求对象 req、响应对象 res 和 next 参数。

中间件的基本代码结构如下。

```
function middleware(req,res,next){
    // 处理业务的逻辑代码
    next();  // 调用下一个函数
}
```

next 参数其实也是一个函数，它将控制权交给下一个中间件，调用下一个函数；如果没有 next()，就不调用下一个函数了。但是需要注意，如果当前的中间件没有调用 next()，也没有结束请求—响应的周期，那么，请求将会被挂起。

1. 自定义中间件

可以在项目入口文件中自定义中间件函数，并通过 app.use()语句将中间件绑定到 Express
实例。

【示例 6.7】自定义一个获取时间戳的中间件。

app.js-自定义中间件。

```
function getTimestamp(req, res, next) {
    let time = new Date();
    console.log(time);
    next();
}
app.use(getTimestamp);  // 使用中间件
app.get('/time',function(req,res){
    res.send('自定义中间件被调用!')
});
```

【代码分析】

定义 getTimestamp 中间件用来在终端输出当前时间。使用"app.use(getTimestamp)"语
句加载该中间件。用户访问网站首页，向服务器发出 get 请求，服务器首先执行中间件，然
后在终端输出当前时间。根据路由匹配，在浏览器中输入地址"http://localhost:3000/time"，
并按"Enter"键，页面中会显示"自定义中间件被调用!"，且左侧控制台会输出当前时间，
如图 6-7 所示。

图 6-7　中间件运行结果

2. 内置中间件

从版本 4.x 开始，Express 框架不再依赖 Content，也就是说 Express 框架以前的内置中间
件已经作为单独模块存在。express.static 是 Express 框架的内置中间件，通过该中间件可以指
定要加载的静态资源，方便用户访问图片、JavaScript 和 CSS 这些静态文件，语法格式：

```
express.static(root, [options]);
```

其中，root 为加载静态资源的路径；options 为可选参数，具有以下属性。

* dotfiles：是否对外输出文件名以点"."开头的文件，有效值包括"allow""deny"和
"ignore"。

* etag：启用或禁用 etag 生成。

* extensions：用于设置后备文件扩展名。

* index：发送目录索引文件，设置为 false 可禁用建立目录索引。

* lastModified：将 lastModified 的头设置为操作系统上该文件的上次修改日期，有效值
包括"true""false"。

- maxAge：设置 Cache-Control 头的 max-age 属性（以毫秒或者 MS 格式中的字符串为单位）。
- redirect：当路径名是目录时重定向到结尾的 "/"。
- setHeaders：用于设置随文件一起提供的 HTTP 头的函数。

【示例 6.8】内置中间件 express.static()。

app.js-项目入口文件。

```
var options = {
  dotfiles: 'ignore',
  etag: false,
  extensions: ['htm', 'html'],
  index: false,
  maxAge: '1d',
  redirect: false,
  setHeaders: function (res, path, stat) {
    res.set('x-timestamp', Date.now());
  }
}
app.use(express.static('public', options));
```

可以在 public 目录中，添加任意文件，通过浏览器访问文件。在根目录下创建 public 文件夹，其内再创建 stylesheets 文件夹，在其中放入 style.css 文件。服务器启动后，浏览器打开地址 http://localhost:3000/stylesheets/style.css，就可以访问该 CSS 文件，页面如图 6-8 所示。

图 6-8　页面显示 CSS 文件代码

【代码分析】

内置中间件的 options 可省略，采用默认值，写成 "app.use(express.static('public'));"，也可以在一个应用中，设置多个静态目录。

```
app.use(express.static('public'));
app.use(express.static('uploads'));
app.use(express.static('files'));
```

6.2.4 请求与响应

使用 Express 框架搭建 Web 应用时，express 模块提供了请求对象和响应对象以完成客户端的请求和服务器端的响应。使用请求对象和响应对象的一系列属性和方法可以处理相关业务，实现所需项目功能。

微课视频

请求与响应

1. 请求对象

请求对象包含请求的相关信息，如请求方式、路径、参数等，以便服务器正确地处理客户端的请求。请求对象 req 常用的属性如表 6-1 所示。

表 6-1 请求对象 req 常用的属性

属性	描述
orinigalUrl	获取路由配置的 URL
hostname	获取请求的域名
ip	获取请求的 IP 地址，可用来设置白名单
method	获取请求的方法
params	获取路由动态参数中的内容
path	获取 URL 请求中的路径
protocol	获取请求的协议，一般是 HTTP 或 HTTPS
secure	获取是否为 HTTPS 请求，返回 true 或 false
xhr	获取是否为 AJAX 请求（XMLHttprequest），返回 true 或 false
query	get 请求时，获取请求的 URL 查询字符串部分的参数
body	post 请求时，获取请求数据，需要使用 body-parser 中间件

2. 响应对象

路由处理函数也会接收响应对象，调用响应对象的方法发送 HTTP 响应到客户端。如果路由函数不给出任何响应，也就是不调用响应对象的任何方法，客户端会被挂起直到超时。

响应对象 res 常用的方法如表 6-2 所示。

表 6-2 响应对象 res 常用的方法

方法	描述
res.json()	返回 JSON 数据
res.send()	根据不同的内容，返回不同格式的 HTTP 响应； res.send()响应客户端，可为字符串、JSON 对象或 Buffer 数据

续表

方法	描述
res.render()	渲染模板页面
res.redirect()	重定向到指定的 URL
res.status()	设置响应状态码，如 200、404、500 等
res.set()	设置响应报头信息

【示例 6.9】设置响应报头。

index.js-使用响应对象 res 的方法设置响应报头。

```
app.get('/header', function(req, res, next) {
    // res.set():设置响应报头信息，如 Content-type、content-lenght 等
    res.setHeader('Content-Type', 'text/html;charset=utf-8');
    res.set({'Content-Type': 'application/json'});
    res.write("响应报头信息:");
    res.end(res.get('Content-Type'));
});
```

通过 res.setHeader()和 res.set()设置响应的报头信息，通过 res.get()语句获取报头信息，并将其响应到客户端。启动服务器后，输入地址并按"Enter"键，页面如图 6-9 所示。

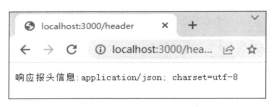

图 6-9　页面显示信息

6.3　任务实现

6.3.1　数据准备

基于上一单元创建的 DuDaInfo 数据库（详见 5.2.2 小节），当前 product 表中有 9 条商品数据，如图 6-10 所示。在局部安装的 Express 框架中，使用 mysql 模块查询 product 表中最新发布的 4 条商品数据，并将其以 JSON 数据形式显示在首页。

```
+----+------------------------+-------+---------------+------------+
| id | name                   | price | image         | add_time   |
+----+------------------------+-------+---------------+------------+
|  1 | PC008-1 BENZ.with diode | 2000 | images/pro-1.jpg | 2022-10-11 |
|  2 | PC008-3A               |   599 | images/pro-2.jpg | 2022-10-15 |
|  3 | PC009-6 with diode     |  1399 | images/pro-3.jpg | 2022-11-15 |
|  4 | PC009-3ZZ              |   999 | images/pro-4.jpg | 2022-12-31 |
|  5 | HUAWEI Mate 50         |  5699 | images/pro-5.png | 2023-01-01 |
|  6 | HUAWEI Mate Xs 2       | 11999 | images/pro-6.png | 2023-01-15 |
|  7 | HUAWEI MateBook        |  9999 | images/pro-7.png | 2023-02-01 |
|  8 | 零温感智能记忆棉枕头     |   339 | images/pro-8.png | 2023-02-15 |
|  9 | 温湿度传感器            |    99 | images/pro-9.png | 2023-02-20 |
+----+------------------------+-------+---------------+------------+
```

图 6-10　product 表中数据

6.3.2 局部安装 Express 框架和 mysql

在 E 盘根目录下创建站点文件夹 DuDa_API，在该目录下打开 CMD 窗口，输入以下命令并执行：

```
npm init -y
npm install express
```

局部安装 Express 框架的详细过程可参考 6.2.1 小节中的局部安装 Express 框架。

该任务主要功能为从 MySQL 数据库中获取商品数据并显示，所以还需要局部安装 mysql 模块，在当前 CMD 窗口输入以下命令并执行：

```
npm install mysql
```

6.3.3 编写功能代码

基于模块化开发的思路进行程序实现，为了获取数据库中的商品数据，首先在站点根目录下创建数据库连接文件 db.js，暴露数据库连接对象 conn；再创建主程序 app.js，实现数据查询并进行响应。

1. 数据库连接模块

db.js-自定义数据库连接模块。

```
var mysql = require('mysql');      // 引入 mysql 模块
// 创建数据库连接对象
var conn = mysql.createConnection({
  host : 'localhost',
  user : 'root',
  password : '',
  database : 'DuDaInfo'
});
// 建立数据库连接
conn.connect(function(err){
  if(err){
    console.error('数据库连接失败！ ' + err.message);
    return;
  }
});

// 把创建的 conn 对象暴露出去，以供其他文件调用
module.exports.conn = conn;
```

【代码分析】

加载 mysql 模块，使用其 createConnection()方法创建数据库连接对象 conn，连接指定数据库 DuDaInfo。通过 module.exports 暴露该对象，供其他文件调用。

2. 主程序

在站点根目录下新建主程序 app.js，此时站点文件夹中的文件列表如图 6-11 所示。

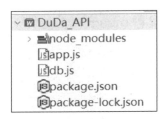

图 6-11　站点文件夹中的文件列表

当服务器接收到客户端的请求后，进行数据查询，将查询结果以 JSON 数据形式响应到客户端。

app.js-项目主程序。

```
const express = require('express');
const db= require('./db.js');
const app = express();
app.get('/',function(req,res){
    res.setHeader('Content-Type', 'text/json;charset=utf-8');
    var  sql = 'SELECT id,name,price,image,add_time FROM product order by
add_time desc limit 0,4';
    db.conn.query(sql,function (err, result) {
      if(err){
        console.log('[SELECT ERROR] - ',err.message);
        return;
      }
      console.log(result);  // 注意：返回的是数组，每个元素为一个对象[{},{},...,{}]
      res.json(result);
    });
});
app.listen(3000);  // 监听端口
```

在当前 CMD 窗口输入以下命令并执行：

```
nodemon app.js
```

运行该主程序后，打开浏览器，输入网址 http://localhost:3000 并按 "Enter" 键，页面显示指定的字符串，如图 6-12 所示。

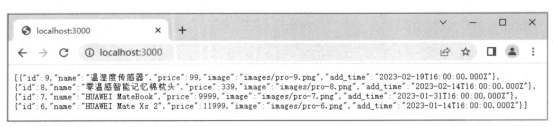

图 6-12　页面显示 JSON 数据

【代码分析】

加载当前目录下（"./"）的数据库连接模块 db.js，使用 db.conn.query()方法根据 SQL 语句进行数据查询，返回结果至变量 result，使用 res.json()方法将查询结果响应给客户端。

注意：只有服务器能够根据客户端请求到数据库中将所需的数据查询出来，才能进行下一步的页面布局显示查询结果。Web 服务器构建好后，可以打开浏览器发送请求进行测试，能够成功访问到数据之后，再进行页面实现，这样便于程序的调试。

任务 2   实现首页商品展示

6.4   任务描述

上一个任务已经能够将最新发布的商品数据从数据表中查询出来，以 JSON 数据形式显示在页面，但并没有结合页面样式进行显示。本任务基于 Express 框架中的 ejs 模板引擎 index.ejs，将数据显示在页面的指定位置，运行效果如图 6-13 所示。为了能够在 Express 框架中使用 ejs 模板引擎，需要事先全局安装 express 和 express-generator，具体安装方法在 6.2.1 小节中已讲解。

微课视频

实现首页商品展示

图 6-13   使用模板引擎显示商品数据

6.5   支撑知识

对于比较复杂、规范的页面数据显示，可以先设计并实现一个静态页面模板，使用 HTML+CSS 将页面效果先展现出来，然后将该静态页面转换成一个 Express 框架中的页面模板，基于 Node.js 路由开发，当服务器接收到请求后，按照要求进行数据库查询，将查询结果响应到页面模板中，从而提高开发的效率。

微课视频

企业门户网站简介

微课视频

模板引擎

6.5.1 模板引擎

模板引擎可以实现显示界面与逻辑处理的分离，在应用中使用静态模板文件，在运行时使用路由传入的变量替换模板文件中的静态数据，将渲染后的 HTML 显示在客户端，以便更好地关注到视图层。Express 框架主要提供两种模板引擎：pug 模板引擎和 ejs 模板引擎。

1. pug 模板引擎

pug 是 Express 框架的默认模板引擎。pug 模板文件体积小，但是学习成本高。

【示例 6.10】HTML 页面与 pug 模板的对比。

firstDemo.pug-pug 模板文件。

```
doctype html
html
    head
        meta(charset='utf-8')
        title First file of pug
    body
        h1 This is my first pug
        div
        .div1
            p that some content in here
            i point
```

firstDemo.html-HTML 页面。

```html
<!DOCTYPE html>
<html>
    <head>
        <meta charset="utf-8">
        <title>First file of pug </title>
    </head>
    <body>
        <h1>This is my first pug </h1>
        <div> </div>
        <div class="div1">
            <p>that some content in here </p><i>point</i>
        </div>
    </body>
</html>
```

【代码分析】

从示例可以看到，使用 pug 模板引擎编写页面的标签与 HTML 的是一致的，但是使用 pug 模板引擎实现的页面代码中没有关闭标签，用缩进来表示标签之间的嵌套关系。

2. ejs 模板引擎

ejs 模板的标签与 HTML 一致，使用 HTML+CSS 实现的静态页面可以很方便地转换成 ejs 模板。为了体现与前面案例的连续性，减少学习成本，后面的任务均基于 ejs 模板来实现。

为了能够在 ejs 模板引擎中实现数据动态处理功能，ejs 模板支持直接在标签内编写简单直白的 JavaScript 代码，通过 JavaScript 代码生成 HTML 页面。

（1）ejs 模板的标签含义。

ejs 模板引擎中标签主要有以下形式。

- <% ："脚本"标签，用于流程控制，无输出。
- <%_ ：删除其前面的空格符。
- <%= ：输出数据到模板，输出的是转义 HTML 标签。
- <%- ：输出非转义的数据到模板。
- <%# ：注释标签，不执行、不输出内容。
- <%% ：输出字符串 '<%'。
- %> ：一般结束标签。
- -%> ：删除紧随其后的换行符。
- _%> ：将结束标签后面的空格符删除。

标签的应用实例：

```
<% if (product) { %>
  <h2><%= product.name %></h2>
<% } %>
```

【代码分析】

"<%"脚本标签中使用 JavaScript 语言中的 if 条件语句格式，<h2>标签中的内容为变量，因此使用 "<%=" 将数据传入模板中，最后输出转义 HTML 标签。

（2）ejs 模板中的 include。

在 ejs 模板中，通过 include 命令将相对于模板路径中的模板片段包含进来。

在开发项目时，为了提高开发效率，一般对模板中的公共代码进行单独封装，比如在 views 文件夹下有 top.ejs 和 bottom.ejs 两个模板文件，其他模板文件可以使用 "<%- include("......"); %>" 包含这两个文件。

```
<body>
        <%- include("./top.ejs") %>
        <main>
        ......  // 此处省略代码
        </main>
        <%- include("./bottom.ejs") %>
</body>
```

【代码分析】

通过 "<%- include('......'); %>" 代码包含 top.ejs 和 bottom.ejs 文件，能够显示原始 HTML 标签对应的页面效果。

6.5.2 Express 框架中集成 ejs 模板引擎

在 Express 框架中使用 ejs 模板，需要先全局安装 Express 和 express-generator 第三方包，然后通过生成器创建项目，在生成项目需指定视图为 ejs，在 CMD 窗口中输入以下命令并执行：

微课视频

Express 框架中集成
模板引擎

```
express -e appName  或  express --ejs appName
```

项目包要能够正常运行，必须有依赖包的支撑，接下来安装依赖包，在站点内打开 CMD 窗口，输入以下命令并执行：

```
npm install
```

此时，站点内有以下目录结构，如图 6-14 所示。

具体的目录及文件作用如下。

node_modules：存放项目的依赖模块，默认有 body-parser、cookie-parser、express、morgan、serve-favicon 等常用模块。

bin：存放启动项目的脚本文件，默认为/bin/www 文件夹里的脚本文件，定义了 HTTP 访问的默认端口为 3000。

public：静态资源文件夹，包括 images、javascripts、stylesheets 这 3 个文件夹，页面中关联的静态资源会自动到该目录下加载。

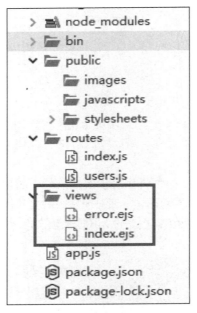

图 6-14　站点内的目录结构

routes：路由文件，包括 index.js 和 users.js，其中 index.js 是默认启动的路由文件。

views：页面模板文件，在创建时指定为 ejs 模板引擎，默认有 error.ejs 和 index.ejs 文件。

app.js：应用的关键配置文件，也是项目入口文件，可以运行该文件启动项目。

package.json 文件：项目包描述文件，包含项目基本信息及依赖列表。

package-lock.json 文件：锁定安装时包的版本号，用来记录当前状态下实际安装的各个 npm 包的具体来源和版本号。

本单元后文都基于 express 命令生成项目应用，默认目录结构与图 6-14 所示一致，后文不赘述。

在生成的项目中，可以方便地向模板文件传递参数，在路由文件 index.js 中可以使用响应对象的 render()方法实现页面动态数据的传递，语法为：

```
res.render('view',data);
```

其中，view 为视图模板文件，data 为传递的参数。

【示例 6.11】在 Express 框架中集成 ejs 模板引擎，实现留言簿功能。

（1）生成项目

在 E 盘根目录下，基于 Express 框架创建项目 msgApp，指定页面模板引擎为 ejs，在创建项目的 CMD 窗口中再输入 "cd msgApp"，将当前目录切换到 msgApp 目录下，然后安装依赖包。在 CMD 窗口中进入 E 盘，输入以下命令并执行：

```
express -e msgApp
cd msgApp  // 切换当前目录到站点文件夹 msgApp 下
npm install
```

（2）创建 ejs 文件

在 views 目录中创建 form.ejs 用来显示留言表单，修改 index.ejs 文件代码，用来显示所有的留言。当留言发表后，将留言标题、作者和内容保存到 msessage.txt 文件中，整个文件夹的目录层次如图 6-15 所示。

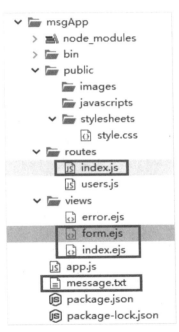

图 6-15　文件夹的目录层次

form.ejs-添加留言页面。

```
<!DOCTYPE html>
<html>
 <head>
  <meta http-equiv="Content-Type" content="text/html; charset=utf-8" />
  <title><%= title %></title>
  <link rel='stylesheet' href='/stylesheets/style.css' />
  <style>
     div{text-align: center;}
```

155

```
    </style>
    </head>
    <body>
        <div>
        <form method="post" action="/form">
            <h1>发布留言</h1><br>
            标题: <input type="text" size="38" name="title"/><br><br>
            作者: <input type="text" size="38" name="author"/><br><br>
            内容: <textarea cols="40" rows="10" name="content"></textarea><br>
            <input type="submit" value="发布"></input>
        </form>
        </div>
    </body>
    </html>
```

【代码分析】

form.ejs 文件定义了增加留言的表单，为每个输入框增加 "name" 属性。表单以 "post" 方式提交，提交后由路由文件 routes/index.js 进行处理，执行其中的 "router.post('/form',...)" 代码。

index.ejs-留言列表页。

```
<!DOCTYPE html>
<html>
 <head>
 <meta http-equiv="Content-Type" content="text/html; charset=utf-8" />
 <title><%=title%></title>
 <link rel='stylesheet' href='/stylesheets/style.css' />
 <style type="text/css">
    *{margin: 0 auto;}
    .msg{
        width:350px;
        text-align: left;
        border: 1px solid #eeeeee;
    }
 </style>
 </head>
 <body>
 <div style="text-align: center;">
  <h1><%= title %></h1>
  <p><a href="/form">发表新留言</a></p><br>
  <div class="msg">
     <span><%- msg %></span>
  </div>
 </div>
 </body>
</html>
```

（3）修改 index.js 文件

修改 routes 目录中的 index.js，留言提交后，将获取到的留言标题、作者和内容追加写到文件中。访问首页时，读取文件中的所有留言，并将其响应到客户端。

index.js-路由文件。

```
var express = require('express');
var router = express.Router();
var fs= require("fs");
// 读取留言文件，将留言显示在页面
router.get('/', function(req, res, next) {
    fs.readFile("./message.txt",function(err,result){
        if(err){
            console.log("留言读取失败! ");
            return;
        }
        var message=result.toString();
        console.log(message);
        res.render('index',{title:'留言列表',msg:message});
    });
});
// 渲染发布留言页面
router.get('/form', function(req, res, next) {
    res.render('form',{title:'添加留言'});
});
// 留言提交以后将其写入文件
router.post('/form', function(req, res, next) {
    var title=req.body.title;
    var author=req.body.author;
    var content=req.body.content;
    var msg="<br>标题: " + title + "<br>作者: " +author + "<br>内容: " + content
+ "<br>";
    fs.appendFile('./message.txt',msg,function(err){
        if(err){
            console.log("写入留言失败! ");
            return;
        }
        console.log("留言写入成功! ");
    });
    res.redirect('/'); // 跳转到首页，即留言列表页
});
module.exports = router;
```

【代码分析】

结合文件读写操作实现留言内容的存储，所以要加载 fs 模块。在匹配 "/" 路由时，title

为"留言列表"，msg 为读取的留言内容，将这两个值传递到 index.ejs 文件中，渲染后显示留言信息。请求方式为 get 并匹配"/form"路由时，title"添加留言"被传递到 form.ejs 文件中，渲染后显示增加留言内容的页面。请求方式为 post 并匹配"/"路由时，也就是提交留言后，将留言内容追加写到文件中，页面重定向跳转到留言列表首页。

（4）启动项目

在 CMD 窗口输入以下命令并执行：

```
npm start
```

（5）浏览页面

项目启动后打开浏览器，输入网址 http://localhost:3000/form 并按"Enter"键，显示留言发布页面，如图 6-16 所示。

图 6-16　留言发布页面

输入留言相关信息，单击"发布"按钮，跳转至首页，显示所有留言，如图 6-17 所示。

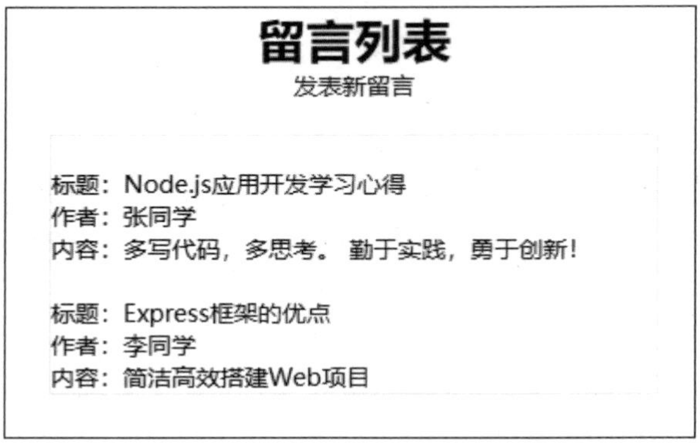

图 6-17　留言列表页

6.6　任务实现

基于上一个任务查询到的 4 条数据（详见图 6-12），使用 Express 框架的 ejs 模板引擎将查询数据渲染在网站首页。

6.6.1 创建项目文件夹

假设在 E 盘根目录下搭建项目环境。双击打开 E 盘，选择地址栏文字，输入 cmd 并按"Enter"键，进入当前目录下的 CMD 窗口，输入以下命令并执行：

```
express -e DuDa_APP
```

此时，在 E 盘根目录下出现文件夹 DuDa_APP，其中的文件目录如图 6-18 所示。

切换目录进入站点，安装依赖，在当前 CMD 窗口输入以下命令，按"Enter"键执行：

```
cd DuDa_APP
npm install
```

此时文件夹内会自动创建 node_modules 文件夹，所有下载的依赖包都保存在该文件夹内。

为了能够从 MySQL 数据库中获取商品数据，还需局部安装 mysql 模块，在当前 CMD 窗口输入以下命令并执行：

```
npm install mysql
```

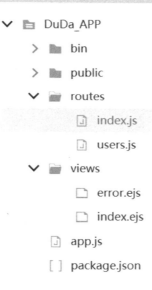

图 6-18 项目初始文件列表

为了防止端口冲突，为该项目重新分配一个端口。打开 DuDa_APP 目录下的 app.js，在其末尾添加代码，监听端口 3005。

app.js-项目入口文件。

```
app.listen(3005,function(err){
    console.log('Server running at http://127.0.0.1:3005/');
});
```

测试项目运行，在当前的 CMD 窗口输入以下命令并执行：

```
npm start 或  nodemon app.js
```

启动该项目后，打开浏览器，输入网址 http://localhost:3005 并按"Enter"键，便可以看到项目搭建成功，页面显示默认框架文字，如图 6-19 所示。

图 6-19　页面运行效果

注意：使用"npm start"启动项目后，若框架内的扩展名为".js"的文件的代码有所修改，要在控制台按"Ctrl+C"组合键退出运行，再执行"npm start"重新启动服务器。而使用"nodemon app.js"运行框架项目时，当代码修改后会自动重启服务器。

以上页面是渲染出来的默认首页，还不能够直接按照页面效果显示查询的商品数据，接下来要实现一个带有样式布局的页面模板。

基于已有静态页面模板进行框架开发的一般步骤：创建模板引擎、编写路由代码、模板引擎解析数据、启动项目浏览页面。后面的任务实现都将按照上述步骤进行呈现。

6.6.2　创建模板引擎

在使用 Express 框架的 ejs 模板引擎进行 Web 应用开发时，最好事先准备一套静态页面模板，方便在框架中直接应用现成的样式渲染页面。DuDa 企业网站的静态页面模板主要包含静态资源文件和若干个 HTML 页面，文件夹如图 6-20 所示。

图 6-20　静态页面模板文件夹

其中，css、images 和 js 文件夹中是网站需要的静态资源，index.html 是站点首页，productList.html 是商品列表页，detail.html 为商品详情页，page.html 是公司简介等文字类页面，具体代码见附录。

将静态页面文件 index.html 另存为 index.ejs，保存到 views 文件夹下，替换框架中默认生成的 index.ejs，这样首页的模板引擎就实现了。关于商品布局部分的 HTML 代码如下。

views\index.ejs-首页模板。

```
<section class="product">
    <h2>产品展示</h2><a href="#">更多产品</a>
    <ul>
        <li><a href="#"><img src="/images/pro-1.jpg" alt="" />
            <p>商品 1<br><span>价格：¥80 元</span></p>
        </a></li>
        <li><a href="#"><img src="/images/pro-2.jpg" alt="" />
            <p>商品 2</br><span>价格：¥80 元</span></p>
        </a></li>
        <li><a href="#"><img src="/images/pro-3.jpg" alt="" />
            <p>商品 3<br><span>价格：¥80 元</span></p>
        </a></li>
        <li><a href="#"><img src="/images/pro-4.jpg" alt="" />
            <p>商品 4</br><span>价格：¥80 元</span></p>
        </a></li>
    </ul>
</section>
```

注意：此时还需要将原来静态页面关联的 images、css 和 js 文件夹复制并粘贴到项目的 public 文件夹下，替换原来的文件夹，这样页面所需的静态资源才能够关联成功，所有布局效果才会显示出来。此时，项目站点内 public 文件夹的结构如图 6-21 所示。

图 6-21　public 文件夹的结构

6.6.3　编写路由代码

基于模块化思路开发页面功能，此时需要将上一个任务使用的 db.js 文件（详见 6.3.3 小节）复制并粘贴到站点根目录下，相关代码不再罗列。此时，站点所有文件列表如图 6-22 所示。

打开 routes 文件夹下的 index.js 文件，编写代码，实现数据查询，将查询结果传递到页面模板 index.ejs 中。

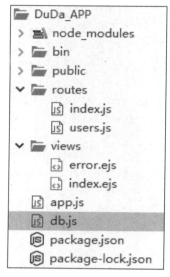

图 6-22　站点所有文件列表

routes\index.js-路由文件。

```
var express = require('express');
const db= require('../db.js');  // 注意路径
var router = express.Router();
/* GET home page. */
router.get('/', function(req, res, next) {
    var sql = 'SELECT id,name,price,image,add_time FROM product order by
add_time desc limit 0,4';
    db.conn.query(sql,function (err, result) {
      if(err){
        console.log('[SELECT ERROR] - ',err.message);
        return;
      }
    console.log(result);  // 注意: 返回的是一个数组, 每个元素为一个对象[{},{},...,{}]
    res.render('index.ejs', {products : result});
  });
});
module.exports = router;
```

【代码分析】

先加载必要的模块 mysql 和站点根目录下的自定义模块 db.js（"../db.js"），然后进行数据查询，使用 res.render()方法，将查询结果 result 以变量名 products 传递到模板 index.ejs 中。在渲染模板页面之前，使用 console 对象在控制台中输出查询结果 result，这是一种非常好的调试方法，即先看到想要的数据，再把数据发到模板页面中。

注意：此时传递过去的数据是一个数组，每个元素是一个商品对象。

6.6.4　模板引擎解析数据

根据传递过来的数据结构，综合使用模板引擎内的标签，编写 JavaScript 代码，将数据显示在页面布局中。将 6.6.2 小节中的模板页面静态代码替换为下面的动态代码。

views\index.ejs-首页模板。

```
<section class="product">
<h2>产品展示</h2><a href="#">更多产品</a>
<ul>
<%
// 将路由中传递过来的数据解析并显示在页面中
for(var i=0;i<products.length;i++){
%>
    <li>
      <a href="">
        <IMG src="/<%= products[i].image %>" alt="" />
        <P><%= products[i].name %></br><span>价格：¥<%= products[i].price %>
元 </span></p>
      </a>
    </li>
  <%
  }
  %>
</ul>
</section>
```

【代码分析】

通过 for 循环对传递过来的数组数据进行遍历，根据原有的布局，将商品图片、商品名和价格嵌在原来的模板中。

注意：流程控制结构 for 语句的开始和结尾使用标记<% 和 %>括起来，对于页面实际需要输出显示的数据使用<%=和%>括起来。由于数据来源于 product 表，数组元素 products[i].后面跟的其实是 product 表中的字段名，可在控制台输出中间结果进行校验。

6.6.5　启动项目浏览页面

在当前的 CMD 窗口输入以下命令并执行：

```
npm start
```

启动该应用后，打开浏览器，输入网址 http://localhost:3005 并按"Enter"键，便可看到首页的产品展示栏目显示最新发布的 4 个商品，如图 6-23 所示。

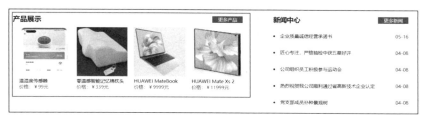

图 6-23　页面显示最新商品数据

> **!!! 小贴士**
>
> 学习是一个循序渐进的过程。至此，我们学习了如何将已有的 JSON 文件商品数据渲染至页面，如何将数据表中的商品数据查询出来渲染至页面，如何在 Express 框架中高效使用模板引擎来进行页面数据呈现等，同样的问题在不同的知识背景下，使用了不同的方式进行实现。为了消化、理解这些知识，需要进行对比思考，归纳要点，加深理解，再进行灵活应用。

任务 3　实现分类商品列表页

微课视频

实现分类商品列表页

6.7 任务描述

本任务在任务 2 的基础上，使用 ejs 模板引擎，实现商品列表页，将所有商品按照发布时间的倒序排列显示在页面中，如图 6-24 所示。单击页面左侧的分类导航，可以按类别显示不同的商品列表，如图 6-25 所示。

图 6-24　商品列表页

图 6-25 商品分类显示列表

6.8 支撑知识

6.8.1 地址栏参数

在实际开发过程中，经常需要在同一个页面模板，按照类别或者搜索关键字等方式显示不同的数据。在框架开发时，只需要实现一个模板引擎。为了让模板引擎在不同的场景下显示不同的数据，可以通过在请求时添加地址栏参数的方式进行实现。

Express 框架中提供了请求对象 req。该对象包含请求的相关信息，如请求方式、路径、参数等，以便服务器正确地处理客户端的请求。当使用 get 方式发出请求时，地址栏可以附加多个参数，使用请求对象的属性可以获取 URL 中各个位置的参数值，以方便高效、快速地处理相关的业务逻辑。地址栏参数可以分为两种：查询字符串参数和动态参数。

1. 查询字符串参数

查询字符串参数在主机名（端口号）或者访问路径后面使用 "?" 连接，后面跟参数名和值，参数之间用 "&" 连接。参数名必须由大小写字母、数字、下划线组成。比如 http://localhost:3000?catID=4&pID=10，这里包含 2 个参数，catID 和 pID，值分别为 4 和 10。

2. 动态参数

动态参数在主机名（端口号）或者访问路径后面使用 "/" 连接，不需要变量名，直接给

165

值。比如 http://localhost:3000/aa/3，这里有两个参数值，分别为 aa 和 3。

当然也可以根据需要，进一步组合以上两种地址栏参数，比如：http://localhost:3000/aa/3?catID=4&pID=10。

6.8.2 路由中处理查询字符串参数

地址栏参数的设置具有非常强的实用性，能够给项目开发带来便利，解决实际问题。在 Express 框架中，可以使用 router.get() 中回调函数的 req 对象的相关属性来获取地址栏参数，通过在代码中对这些参数的进一步处理，实现相应的功能。请求对象的 query 属性用于获取地址栏中的查询字符串参数，请求对象的 params 属性用于获取地址栏中的动态参数值。

【示例 6.12】处理地址栏参数。

app.js-在路由中查看地址参数。

```
var express = require('express');
var router = express.Router();
router.get('/product', function(req, res) {
    var reqAttributes = {
        'originalUrl': req.originalUrl, // 获取路由配置的 URL
        'hostname': req.hostname, // 获取用户请求的域名
        'ip': req.ip, // 获取用户请求的 IP 地址
        'method': req.method, // 获取用户请求的方法
        'path': req.path, // 获取 URL 请求中的路径
        'protocol': req.protocol, // 获取客户端请求的协议
        'secure': req.secure, // 判断是否为 HTTPS 请求
        'xhr': req.xhr, // 判断是否是 AJAX 请求
        'query': req.query // 获取 URL 查询字符串部分的参数
    }
    res.send(reqAttributes);
});
module.exports = router;
```

在当前 CMD 窗口输入以下命令并执行：

nodemon app.js

运行该应用后，打开浏览器，输入网址 http://localhost:3000/product?cat_id=2 并按"Enter"键，显示各参数的返回值，页面如图 6-26 所示。

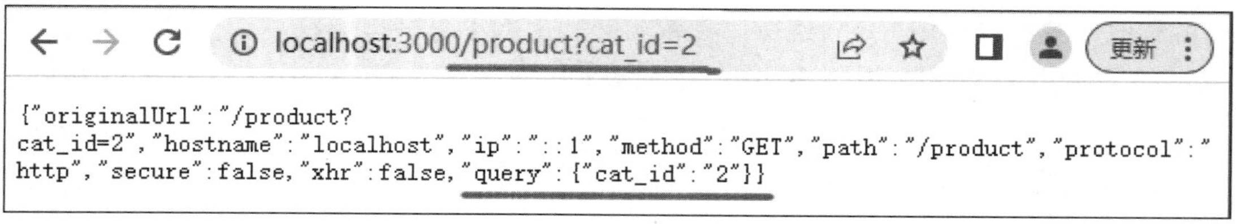

图 6-26 页面显示相关参数信息

【代码分析】

- originalUrl：返回完整的 URL，即 "/product?cat_id=2"，也可用 req.url 获取。
- hostname：获取主机名，为本机地址 "localhost"。
- ip：返回 IPv6 地址 "::1"，相当于 IPv4 的回环地址 127.0.0.1。
- method：请求方式为 GET。
- path：请求的 URL 为 "/product"，查询字符串参数不显示。
- protocol：采用的协议为 HTTP。
- secure：未采用 HTTPS，返回 false。
- xhr：未使用 AJAX，返回 false。
- query：返回一个对象，包含查询字符串参数名 "cat_id"，值为 2。

6.9 任务实现

6.9.1 数据准备

为了实现商品分类展示功能，需要对产品表 product 中的数据进行分类，cat_id 字段为类别号，是 product 表的外码，如图 6-27 所示，其值来自商品类别表 product_category，一共 4 个类别，类别号从 1 到 4，表中的数据如图 6-28 所示。

id	name	cat_id	size	price	image	content	keywords	add_time
1	PC008-1 BENZ.with diode	1	93mm	2000	images/pro-1.jpg	PC008-1 BENZ.with diode	PC008-1 BENZ.with di	2022-10-11
2	PC008-3A	1	101mm	599	images/pro-2.jpg	PC008-3A	PC008-3A	2022-10-15
3	PC009-6 with diode	2	94mm	1399	images/pro-3.jpg	PC009-6 with diode	PC009-6 with diode	2022-11-15
4	PC009-3ZZ	2	101mm	999	images/pro-4.jpg	PC009-3ZZ	PC009-3ZZ	2022-12-31
5	HUAWEI Mate 50	3	256G	5699	images/pro-5.png	首款搭载超光变XMAGE影像	HUAWEI Mate 50	2023-01-01
6	HUAWEI Mate Xs 2	3	512G	11999	images/pro-6.png	典藏版 北斗卫星消息 鸿蒙手	HUAWEI Mate Xs 2	2023-01-15
7	HUAWEI MateBook	3	16G	9999	images/pro-7.png	英特尔Evo 12代酷睿 i7 16C	HUAWEI MateBook X	2023-02-01
8	零温感智能记忆棉枕头	4	HUAWEI HiLink	339	images/pro-8.png	智能监测睡眠分析，慢回弹	家居零温感智能记忆棉	2023-02-15
9	温湿度传感器	4	HUAWEI HiLink	99	images/pro-9.png	温湿度监测，LCD屏显示，	豪恩温湿度传感器	2023-02-20

图 6-27 product 表中的字段 cat_id

cat_id	cat_name	keywords	parent_id	sort
1	汽车配件	汽车配件	0	10
2	轮船配件	轮船配件	0	20
3	数码产品	数码产品	0	30
4	家具用品	家具用品	0	40

图 6-28 product_category 表中的数据

6.9.2 创建模板引擎

为了能够在与首页风格一致的列表页中显示所有商品，首先要设计并实现一个静态页面模板 productList.html，具体代码见附录，将其另存到 DuDa_APP 项目文件夹中的 views 文件夹下，重命名为 productList.ejs，其商品布局部分的核心代码如下。

views/productList.ejs-商品列表页模板。

```
<div class="container">
    <aside>
        <h2>产品服务</h2>
            <ul>
                <li><a href="/product?cat_id=1">汽车配件</a></li>
                <li><a href="/product?cat_id=2">轮船配件</a></li>
                <li><a href="/product?cat_id=3">数码产品</a></li>
                <li><a href="/product?cat_id=4">家居用品</a></li>
            </ul>
    </aside>
    <article class="main">
      <DIV id=productList>
      <DL  class=noMargin>
        <DT><A href="#"><IMG alt="商品名1" src="/images/1.jpg"></A></DT>
        <DD>
        <P class=name><A title="商品名1"   href="#">商品名1</A></P>
        <P class=brief>商品1简介部分文字...</P>
        <P class=price>价格：¥100.00 元</P>
        </DD>
        </DL>
      <DL  class=noMargin>
        <DT><A href="#"><IMG alt=商品名2 src="/images/1.jpg"></A></DT>
        <DD>
        <P class=name><A title="商品名2"   href="#">商品名2</A></P>
        <P class=brief>商品2简介部分文字...</P>
        <P class=price>价格：¥155.00 元</P>
        </DD>
      </DL>
      <DIV class=clear></DIV>
      </DIV>
    </article>
</div>
```

【代码分析】

模板中给出了商品分类和商品布局的静态页面代码。为了实现分类查询的效果，即在同一个页面中，单击页面左侧不同的类别超链接后显示对应类别的商品信息，需要在超链接中添加地址栏参数，形式为"/product?cat_id=类别号"，类别号与 product_category 中的类别号要完全一致。

在实现数据库查询展示商品时，要结合现有模板中已有的布局进行编程，这样才能充分利用模板的布局优势，提高开发效率。

6.9.3　编写路由代码

为了能够在客户端访问新的商品列表页，要在路由文件中分配新的地址。初始状态下，查询所有的商品数据并将其响应到客户端；当单击分类超链接时，根据地址栏参数进行商品查询，将查询到的数据响应到客户端，在原来的 index.js 文件中追加商品列表部分的代码。

routes/index.js-路由文件。

```
router.get('/product', function(req, res, next) {
  var cat_id=req.query.cat_id;  // 取地址栏参数 cat_id 的值
  if(cat_id){  // 地址栏带了参数 cat_id, 分类查询
    var sqlStr="select * from product where cat_id=? order by id desc";
    var sqlParam=[cat_id];
  }else{  // 地址栏没有参数 cat_id, 查询所有商品
    var sqlStr="select * from product order by id desc";
    var sqlParam=[];
  }
  db.conn.query(sqlStr,sqlParam,function(err,result){
    if(err){
        console.log(err);
        return;
    }
    console.log(result);  // [{},{},...,{}]  数组
    // 渲染模板，将查询数据发过去
    res.render('productList.ejs', { products: result });
  });
});
```

【代码分析】

通过 if 语句判断地址栏参数是否为空来决定如何进行数据查询。默认情况下，请求 "/product" 没有地址栏参数，此时查询全表数据显示；当单击分类导航时，地址栏带有参数 cat_id，通过 req.query.cat_id 获取该参数，作为 SQL 查询语句的 where 条件，取得分类查询结果，最后将查询结果传递到模板引擎 productList.ejs。

6.9.4　模板引擎解析数据

根据传递过来的数据结构，使用 for 循环遍历数据，结合已有的布局将数据显示在页面中。将之前的 id 为 productList 的 DIV 代码替换为下面的动态代码。

views/productList.ejs-渲染商品列表数据。

```
<DIV id=productList>
<% for(var i=0;i<products.length;i++) { %>
    <DL>
      <DT><A href="">
          <IMG   alt='<%= products[i].name %>' src="/<%= products[i].image
%>"></A></DT>
      <DD>
```

```
    <P class=name>
      <A title="<%= products[i].name %>" href="">
        <%= products[i].name %>
      </A>
    </P>
    <P class=price>价格：¥<%= products[i].price %> 元</P>
    <P class=brief><%- products[i].content.substr(0,30) %>...</P> </DD>
  </DL>
 <% } %>
<DIV class=clear></DIV></DIV>
```

【代码分析】

服务端响应的数据为数组，结合 for 循环语句进行输出。每循环一次，就获取数组中的一个元素，包含商品的名称、图片、价格和详情，使用 products[i]和表中的字段值在页面中的指定位置输出相应信息。由于列表页中商品介绍布局空间有限，使用 substr()方法对商品详情截取前 30 个字符展示。

6.9.5 启动项目浏览页面

在当前的 CMD 窗口输入以下命令并执行：

```
npm start
```

启动该应用后，打开浏览器，输入网址 http://localhost:3005/product 并按"Enter"键，便可看到列表页显示的商品信息，单击左侧的分类导航，可以看到该类别下的商品。此时地址栏带有参数 cat_id，值来自左侧的分类超链接。分类显示产品如图 6-29 所示。

图 6-29　分类显示产品

任务 4　实现商品详情页

微课视频

实现商品详情页

6.10　任务描述

本任务使用 ejs 模板引擎，实现商品详情页。在商品列表页中，单击商品图片，即可跳转到详情页，展示商品的详细信息，如图 6-30 所示。

图 6-30　商品详情页

6.11　支撑知识——路由中处理动态参数

除了查询字符串参数外，地址栏还可以附加动态参数，例如"http://localhost3000/detail/3"。在主机名（端口号）或者访问路径后面使用"/"开头，后面接动态参数值，不需要参数名。当定义了动态参数时，在路由文件 index.js 中可通过请求对象 req 的 params 属性获取路由中的动态参数值。在查看数据项详情、删除数据项或编辑数据项时常用动态参数，可以根据获取的参数值获取数据表中的记录，然后有针对性地进行下一步操作。

【示例 6.13】处理地址栏参数。

app.js-在路由中查看动态参数。

```
var express = require('express');
var router = express.Router();
router.get('/detail/:id', function(req, res) {
    var reqAttributes = {
        'originalUrl': req.originalUrl, // 获取路由配置的 URL
        'hostname': req.hostname, // 获取用户请求的域名
```

```
                'ip': req.ip, // 获取用户请求的 IP 地址
                'method': req.method, // 获取用户请求的方法
                'path': req.path, // 获取 URL 请求中的路径
                'protocol': req.protocol, // 获取客户端请求的协议
                'secure': req.secure, // 判断是否为 HTTPS 请求
                'xhr': req.xhr, // 判断是否是 AJAX 请求
                'params': req.params, // 获取路由动态参数中的内容
        }
        res.send(reqAttributes);
});
module.exports = router;
```

【代码分析】

将地址栏中的动态参数映射给参数 id，路由地址要写成 "/detail/:id"，再使用 req.params 来获取动态参数信息，返回的是一个对象，键为 "id"，值为地址栏中传入的动态参数值。

在当前 CMD 窗口输入以下命令并执行：

```
nodemon app.js
```

运行该应用后，打开浏览器，输入网址 http://localhost:3000/detail/10 并按 "Enter" 键，显示各参数的返回值，页面如图 6-31 所示。

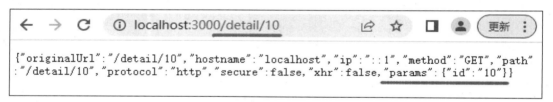

图 6-31 页面显示相关参数信息

【代码分析】

- originalUrl：返回完整的 URL，即 "/detail/10"，也可用 req.url 获取。
- hostname：获取主机名，为本机地址 "localhost"。
- ip：返回 IPv6 地址 "::1"，相当于 IPv4 的回环地址 127.0.0.1。
- method：请求方式为 get。
- path：请求的 URL 为 "/detail/10"。
- protocol：采用的协议为 HTTP。
- secure：未采用 HTTPS，返回 false。
- xhr：未使用 AJAX，返回 false。
- params：返回一个对象，包含请求的路由动态参数 id，值为 10。

6.12 任务实现

基于 product 表中的数据进行编程，主要完成列表页商品超链接设置、路由代码编写和模板引擎数据显示。

6.12.1　设置列表超链接

商品详情页一般不是直接显示出来的，而是通过单击列表页的商品图片或商品名后跳转显示出来的。为了完成该任务，要先在列表页给商品图片和商品名设置超链接。考虑到一个详情页模板能根据用户的选择，显示不同的商品数据，所以要设置地址栏参数。这里，使用动态参数来实现，在原来列表模板中添加超链接地址。

views\productList.ejs-商品列表页。

```
<DIV id=productList>
<% for(var i=0;i<products.length;i++) { %>
    <DL>
        <DT><A href="/detail/<%= products[i].id %>">
            <IMG  alt='<%= products[i].name %>' src="/<%= products[i].image
%>"></A></DT>
        <DD>
        <P class=name>
            <A title="<%= products[i].name %>" href="/detail/<%=
products[i].id %>">
                <%= products[i].name %>
            </A>
        </P>
        <P class=price>价格: ¥<%= products[i].price %> 元</P>
        <P class=brief><%- products[i].content.substr(0,30) %>...</P> </DD>
    </DL>
  <% } %>
<DIV class=clear></DIV></DIV>
```

【代码分析】

在上述代码的第4行和第9行，分别给商品图片和商品名添加了超链接地址，将商品的id作为地址栏动态参数，以区分用户单击的商品。

6.12.2　编写路由代码

当单击商品列表页中的商品图片或商品名，进入商品详情页，此时地址栏有动态参数，值为该商品的id值，在路由中要接收该值，再根据它到表中将商品信息查询出来，并响应到客户端。在原来的index.js文件中追加商品详情部分的代码如下。

routes/index.js-路由文件。

```
router.get('/detail/:id', function(req, res, next) {
  var id=req.params.id;  // 取地址栏参数
  var sqlStr="select id,image,name,price,content from product where id=?";
  var sqlParam=[id];
  db.conn.query(sqlStr,sqlParam,function(err,result){
    if(err){
            console.log(err);
            return;
    }
    console.log(result); // [{}] 数组
```

```
        res.render('detail.ejs', { oneProduct:result });
    });
});
```

【代码分析】

通过 req.params.id 获取地址栏动态参数值，作为商品查询语句的 where 条件，取得单条商品数据，最后将查询结果传递到模板引擎 detail.ejs。

6.12.3 模板引擎解析数据

根据传递过来的数据结构，结合已有的布局将数据显示在页面中。按照商品 id 进行查询，查询结果唯一，但是要注意数据的形式为[{......}]，是一个数组。

views/detail.ejs-商品详情页。

```
<article class="main">
    <h2>商品详情</h2>
    <DIV id="detail">
        <DIV class="productImg">
            <IMG src="/<%= oneProduct[0].image %>" width=300>
        </DIV>
        <DIV class="productInfo">
            <H1><%= oneProduct[0].name %></H1>
            <UL>
                <LI class=productPrice>价格: <EM class=price>¥<%= oneProduct
[0].price %> 元</EM></LI>
            </UL>
        </DIV>
        <DIV class=clear></DIV>
        <DIV class="productContent">
            <H3>产品介绍</H3>
            <UL><%- oneProduct[0].content %></UL>
        </DIV>
    </DIV>
</article>
```

【代码分析】

服务端响应过来的数据虽然只有一条，但是是数组形式，所以使用 "oneProduct[0]" 来取得该条商品数据，后面接字段名，在恰当位置显示其图片、名称、价格和介绍文字。

6.12.4 启动项目浏览页面

在当前的 CMD 窗口输入以下命令并执行：

```
npm start
```

启动该应用后，打开浏览器，输入网址 http://localhost:3005/product 并按 "Enter" 键，在列表页随便选择一张商品图片或一个商品名，即可跳转到对应的详情页。此时地址栏带有该商品的 id 值，用来区分页面该显示哪个商品，如图 6-32 所示。

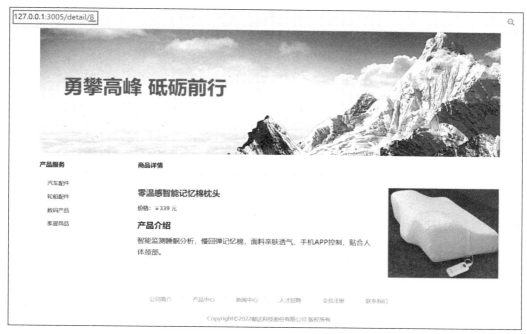

图 6-32　商品详情页

> **!!! 小贴士**
>
> 　　新闻中心模块和产品中心模块功能类似，主要包含新闻列表页和新闻详情页，可以结合新闻类列表 news_category 和新闻表 news（见单元 7），参考网站风格自行设计页面模板进行功能实现。
>
> 　　能够举一反三是学到知识的证明，也是检验自己掌握知识的标准。举一反三的能力本质上是一种知识迁移能力。通过不断强化训练、积极思考、概括归纳，形成程序性知识，有利于建立良好的知识网络结构，提高自主学习能力。

拓展实训——实现其他图文页面

1. 实训需求

对于企业网站中的图文介绍类页面，如公司简介、人才招聘、联系我们等栏目，基于 DuDaInfo 数据库中 page 表的数据，如图 6-33 所示。根据已有的静态页面模板，实现公司简介页面，如图 6-34 所示。

```
+-------------+------------------------+------+-----+---------+----------------+
| Field       | Type                   | Null | Key | Default | Extra          |
+-------------+------------------------+------+-----+---------+----------------+
| id          | mediumint(8) unsigned  | NO   | PRI | NULL    | auto_increment |
| page_name   | varchar(150)           | NO   |     |         |                |
| parent_id   | smallint(5)            | NO   |     | 0       |                |
| content     | longtext               | NO   |     | NULL    |                |
| keywords    | varchar(255)           | NO   |     |         |                |
| description | varchar(255)           | NO   |     |         |                |
+-------------+------------------------+------+-----+---------+----------------+
```

图 6-33　page 表结构

图 6-34 公司简介页面

2. 实训步骤

（1）整理公司简介、人才招聘、联系我们等页面所需文本，并将其作为记录插入 page 表中。

（2）编写路由代码，为了区分在页面模板中显示哪个栏目文本，需要设置地址栏参数。

（3）根据地址栏参数，查询表中数据，并将其响应到页面模板，显示页面数据。

3. 实现过程

（1）数据准备

在 page 表中插入页面数据，包含记录编号、页面名称、页面文字等信息，如图 6-35 所示。

微课视频

实现其他图文页面

id	page_name	parent_id	content	keywords	description
1	公司简介	0	<img src="/images/gsjj.jpg" > <p>都达科技股份有限公司于2010年成	公司简介	企业简介
2	联系我们	0	通信地址： 江苏省常州市武进区，邮编：213164 都联系我们		联系我们
3	人才招聘	0	<p>招聘要求：</p><p>1. 年龄25-35岁，本科及以上学历，机械设计可人才招聘		人才招聘

图 6-35 page 表中数据

（2）设置超链接

根据网站需求，主导航共设置 6 个栏目，其中产品中心的超链接地址为"/product"，该部分功能如何实现已经在前面介绍过；新闻中心的超链接地址为"/news"，其实现原理与产品中心非常类似，在此不再赘述；会员注册的地址为"/register"，该部分功能需要结合表单进行实现，实现原理可参考单元 7 的管理员登录功能，在此不再赘述。

现在在导航栏中，为公司简介、人才招聘、联系我们 3 个栏目设置超链接。为了能够在同一个模板引擎中根据用户单击显示相应的栏目文字，需要在地址栏中添加参数，值为 page 表的 id 字段值。导航栏在每个页面中都需要用到，所以在 views 文件夹中新建 include 文件夹，再在其内部创建 top.ejs 模板引擎文件，具体代码如下。

views\include\top.ejs-页面头部公共文件。

```
<header>
    <div class="logo"><img src="/images/logo.png"></div>
    <div class="topnav">
        <ul>
            <li><a href="#">手机版</a></li>
            <li><a href="#">收藏本站</a></li>
        </ul>
    </div>
</header>
<nav>
    <ul>
        <li><a href="/">首页</a></li>
        <li><a href="/page/1">公司简介</a></li>
        <li><a href="/product">产品中心</a></li>
        <li><a href="/news">新闻中心</a></li>
        <li><a href="/page/3">人才招聘</a></li>
        <li><a href="/register">会员注册</a></li>
        <li><a href="/page/2">联系我们</a></li>
    </ul>
</nav>
```

【代码分析】

查询 page 表中各个栏目的 id 值，将其作为动态参数添加到地址栏中，务必与表中数值保持一致，这样浏览页面时才能正确加载文字。该文件在首页、列表页、详情页中均被包含。

（3）编写路由代码

在 router\index.js 路由文件中，继续追加代码，根据页面请求的地址，获取动态参数值，然后根据该值构造 SQL 语句，将查询到的数据响应到客户端。

router\index.js-路由文件。

```
router.get('/page/:pid', function(req, res, next) {
    var pid=req.params.pid;
    var sqlstr="select id,page_name,content from page where id=?";
    var sqlParam=[pid];
    db.conn.query(sqlstr,sqlParam,function(err,result){
        if(err){
            console.log(err);
```

```
                return;
            }
            console.log(result); // [{}]数组,只有一个元素
            res.render('page.ejs', { pageContent: result });
        });
    });
```

【代码分析】

首先获取地址栏的动态参数值，然后进行对应栏目的数据查询，再将查询结果响应到页面模板 page.ejs。

（4）模板引擎解析数据

将路由传递过来的查询结果显示在页面，主要包含栏目名称和栏目文字。

view\page.ejs-图文页面模板。

```html
<!DOCTYPE html>
<html>
    <head>
        <meta charset="utf-8">
        <title></title>
        <link rel="stylesheet" type="text/css" href="/css/style.css"/>
    </head>
    <body>
        <%- include("./include/top.ejs") %>
        <main>
            <div class="banner"><img src="/images/1.jpg"></div>
            <div class="container">
                <aside>
                    <h2>快捷导航</h2>
                    <ul>
                        <li class="cur"><a href="/">公司简介</a></li>
                        <li><a href="/product">产品中心</a></li>
                        <li><a href="/news">新闻中心</a></li>
                        <li><a href="/page/2">联系我们</a></li>
                    </ul>
                </aside>
                <article class="main">
                    <h2><%= pageContent[0].page_name %></h2>
                    <%- pageContent[0].content %>
                </article>
            </div>
        </main>
        <%- include("./include/bottom.ejs") %>
    </body>
</html>
```

【代码分析】

页面主体部分根据响应数据，显示页面标题和页面文字。为了避免重复编写代码，提高开发效率，在页面头部包含公共文件 top.ejs，在页面底部包含功能文件 bottom.ejs。

view\include\bottom.ejs-页面底部公共文件。

```
<footer>
    <div class="footnav">
        <ul>
            <li><a href="/page/1">公司简介</a></li>
            <li><a href="/product">产品中心</a></li>
            <li><a href="/news">新闻中心</a></li>
            <li><a href="/page/3">人才招聘</a></li>
            <li><a href="/register">会员注册</a></li>
            <li><a href="/page/2">联系我们</a></li>
        </ul>
    </div>
    <div class="copyright">
        Copyright&copy;2022 都达科技股份有限公司 版权所有
    </div>
</footer>
```

（5）启动项目浏览页面

在当前的 CMD 窗口输入以下命令并执行：

```
npm start
```

启动该应用后，打开浏览器，输入网址 http://localhost:3005/page/1 并按"Enter"键，便可浏览"公司简介"页面；输入网址 http://localhost:3005/page/2 并按"Enter"键便可浏览"联系我们"页面，如图 6-36 所示。

图 6-36 "联系我们"页面

179

打开浏览器，输入网址 http://localhost:3005/page/3 并按"Enter"键，便可浏览"人才招聘"页面，如图 6-37 所示。

图 6-37 "人才招聘"页面

单元小结

本单元主要基于一个企业门户网站介绍了 Express 框架开发，结合数据库中的表数据，使用 ejs 模板引擎分任务介绍了项目框架搭建、首页商品展示，以及商品列表页、商品详情页和公司简介等页面的实现过程。基于真实应用场景的项目开发，本单元帮助大家深刻理解路由、模板引擎等相关的概念，结合实际需求使用 Express 框架与 MySQL 数据库进行交互，轻松地开发 Web 应用程序，为综合项目实践打下良好的基础。

单元习题

一、填空题

1. Express 框架中，渲染一个视图模板，使用 res.（　　）（view,[locals]）方法。第一个参数表示模板引擎文件夹下的视图文件名；第二个参数是传递给视图的 JSON 数据。

2. 登录表单输入账号信息进行数据验证的路由处理代码为 router.（　　）('/login', ...)。

3. router.METHOD()方法提供了路由方法，在 Express 框架中，这里的 METHOD 是 HTTP 方法中的一个，有（　　）等。

4. 客户端向服务器发送请求，请求中的 URI 和请求方式被称为（　　）。

5. 响应对象的（　　）方法可以结束请求—响应循环。

二、单选题

1. 路由将请求以（　　）为基准映射到处理程序上。

    A. URL　　　　　　　　B. get　　　　　　　　C. post　　　　　　　　D. path

2. Express 框架安装完成后，使用其创建项目文件夹 student，并使用 ejs 模板引擎的语句是（   ）。

    A. express -e student   B. npm student -g

    C. install student   D. express student

3. 在 ejs 中，通过（   ）可以将相对于模板路径中的模板片段包含进来。

    A. ejs   B. include   C. <%和%>   D. pug

4. （   ）是一个对象，其包含一系列的属性，这些属性和在路由中命名的参数名是一一对应的。例如，如果有/user/:name 路由，通过这个对象可以取得 name 值，这个对象默认值为{}。

    A. req.param   B. res.params   C. req.params   D. res.param

5. Express 框架在路由文件中，使用（   ）获取 URL 的地址栏参数，比如"/product?page=1"中可取得 page 接收到的值。

    A. req.params.page   B. req.query.page   C. req.body.page   D. req.path.page

三、简答题

1. 请简述路由的作用。

2. 请简述模板引擎的作用。

3. 请简述请求对象常用的属性。

单元 **7** 综合项目——商品管理系统

本单元主要基于 Express 框架实现一个商品管理系统，以维护 DuDa 企业门户网站中的商品信息，分任务介绍商品管理系统的实现过程，主要包含项目准备、管理员登录、首页显示商品列表、商品添加、商品搜索、商品修改和商品删除等功能模块。通过对本单元的学习，读者可对前面所学基础知识进行综合应用。

1. 知识目标

（1）熟练掌握 Express 框架搭建项目环境的步骤。

（2）理解前后端的请求与响应的处理原理。

（3）理解路由的配置。

（4）熟练应用 ejs 模板引擎进行数据呈现。

（5）理解中间件的含义与原理。

2. 能力目标

（1）能够根据企业项目需求，搭建 Express 框架。

（2）能够根据功能模块，规划路由并进行编程。

（3）根据页面功能，使用模板引擎实现页面。

（4）能够运用中间件实现登录检测功能。

3. 素养目标

（1）培养读者提高运用 Express 框架进行应用开发的能力。

（2）培养读者综合运用所学知识实现 Web 应用开发的能力。

（3）培养读者对已学知识的迁移能力。

任务 1　项目准备

7.1　需求分析

微课视频

商品管理系统简介

以本书中贯穿的 DuDa 企业网站数据为对象，实现一个商品管理系统，主要实现企业门户网站中的商品数据维护，主要需求如下。

- 界面设计简洁大方，方便操作。
- 具有管理员登录、退出等功能。
- 实现商品分页显示功能。

- 实现对商品信息进行添加、修改与删除操作。
- 实现商品的搜索功能。

7.2 功能结构

商品管理系统主要包含 3 个模块：管理员模块、商品模块和新闻模块，如图 7-1 所示。本书主要以管理员模块和商品模块中的商品管理功能为例呈现实现的具体过程，其他功能的实现原理与商品管理功能基本一致，只是路由地址、涉及的数据表和所使用的页面模板不同，受篇幅所限，不再赘述。

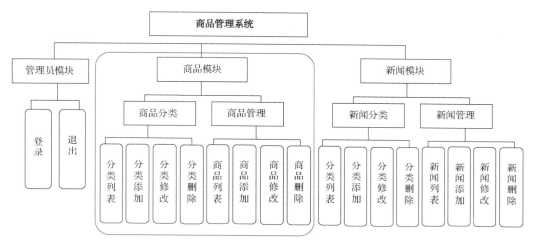

图 7-1 商品管理系统功能结构

7.3 数据库设计

根据需求分析和功能规划，数据库 DuDaInfo 中一共有 7 张表，如表 7-1 所示，其中 product_category、product 和 page 表在前面单元中已介绍并使用过。

表 7-1 数据库中的表

表名	表功能
admin	管理员账号表
product_category	商品类别表
product	商品信息表
news_category	新闻类别表
news	新闻表
page	页面文字信息表，如联系我们、公司简介等栏目
config	系统配置信息表

1. admin 表

admin 表主要存储登录商品管理系统的管理员账号信息，主要包含用户编号、用户名、

密码等字段。为了防止明文存储密码带来的安全隐患，对密码字段进行了信息摘要算法 MD5
（Message-Digest Algorithm5）加密处理，其表结构如图 7-2 所示。

```
+----------+----------------------+------+-----+---------+----------------+
| Field    | Type                 | Null | Key | Default | Extra          |
+----------+----------------------+------+-----+---------+----------------+
| user_id  | smallint(5) unsigned | NO   | PRI | NULL    | auto_increment |
| user_name| varchar(60)          | NO   |     |         |                |
| email    | varchar(60)          | NO   |     |         |                |
| password | varchar(32)          | NO   |     |         |                |
| action_list| text               | NO   |     | NULL    |                |
| add_time | int(11)              | NO   |     | 0       |                |
| last_login| int(11)             | NO   |     | 0       |                |
| last_ip  | varchar(15)          | NO   |     |         |                |
+----------+----------------------+------+-----+---------+----------------+
```

图 7-2　admin 表结构

在 admin 表中，管理员账号要预先设置。表创建成功后，插入一条记录，使用该账号信
息就可以登录进入后台管理主页面，进行商品信息维护。

在 admin 表中，插入管理员的账号，用户名为"admin"，密码为"123456"经过 MD5
加密后的密文，具体的 SQL 语句如下所示。

```
INSERT INTO `admin` VALUES ('1', 'admin', '',
'e10adc3949ba59abbe56e057f20f883e', 'ALL', '1525579374', '1525579396',
'127.0.0.1');
```

2. product_category 表

product_category 表主要存储商品类别信息，主要包含商品类别号、类别名等字段，在
6.9.1 小节已详细介绍，其表结构如图 7-3 所示。

```
+-------------+----------------------+------+-----+---------+----------------+
| Field       | Type                 | Null | Key | Default | Extra          |
+-------------+----------------------+------+-----+---------+----------------+
| cat_id      | smallint(5)          | NO   | PRI | NULL    | auto_increment |
| unique_id   | varchar(30)          | NO   |     |         |                |
| cat_name    | varchar(255)         | NO   |     |         |                |
| keywords    | varchar(255)         | NO   |     |         |                |
| description | varchar(255)         | NO   |     |         |                |
| parent_id   | smallint(5)          | NO   |     | 0       |                |
| sort        | tinyint(1) unsigned  | NO   |     | 50      |                |
+-------------+----------------------+------+-----+---------+----------------+
```

图 7-3　product_category 表结构

3. product 表

product 表主要存储商品信息，主要包含商品编号、商品名、价格、商品描述、商品图片
等字段，在 5.3.1 小节已详细介绍，其表结构如图 7-4 所示。本单元主要基于 product 表，实
现商品的维护管理。

```
+----------+------------------------+------+-----+---------+----------------+
| Field    | Type                   | Null | Key | Default | Extra          |
+----------+------------------------+------+-----+---------+----------------+
| id       | mediumint(8) unsigned  | NO   | PRI | NULL    | auto_increment |
| name     | varchar(150)           | NO   |     | NULL    |                |
| cat_id   | smallint(6)            | NO   |     | 0       |                |
| size     | varchar(20)            | YES  |     | NULL    |                |
| price    | decimal(10,2) unsigned | NO   |     | 0.00    |                |
| image    | varchar(100)           | YES  |     | NULL    |                |
| content  | longtext               | YES  |     | NULL    |                |
| keywords | varchar(255)           | YES  |     | NULL    |                |
| add_time | date                   | YES  |     | NULL    |                |
| sort     | tinyint(3) unsigned    | NO   |     | 0       |                |
+----------+------------------------+------+-----+---------+----------------+
```

图 7-4　product 表结构

4. news_category 表

news_category 表主要存储企业门户网站中的新闻类别信息，主要包含类别号、类别名等字段，其表结构如图 7-5 所示。

```
+------------+--------------------+------+-----+---------+----------------+
| Field      | Type               | Null | Key | Default | Extra          |
+------------+--------------------+------+-----+---------+----------------+
| cat_id     | smallint(5)        | NO   | PRI | NULL    | auto_increment |
| unique_id  | varchar(30)        | NO   |     |         |                |
| cat_name   | varchar(255)       | NO   |     |         |                |
| keywords   | varchar(255)       | NO   |     |         |                |
| description| varchar(255)       | NO   |     |         |                |
| parent_id  | smallint(5)        | NO   |     | 0       |                |
| sort       | tinyint(1) unsigned | NO  |     | 50      |                |
+------------+--------------------+------+-----+---------+----------------+
```

图 7-5 news_category 表结构

新闻主要划分为"行业新闻"和"公司活动"两大类，表中数据通过以下语句插入。

```
INSERT INTO `news_category` VALUES ('1', 'company', '行业新闻', '行业新闻', '行业最新新闻在此发布', '0', '10');
INSERT INTO `news_category` VALUES ('2', 'industry', '公司活动', '公司活动', '公司举办的各类活动', '0', '20');
```

5. news 表

news 表主要存储企业各类新闻信息，主要包含新闻编号、新闻标题、新闻详情、单击次数、发布时间等字段。表中数据可以在后台功能页面添加，所有新闻在页面上按照发布时间的倒序进行排列显示，其表结构如图 7-6 所示。

```
+------------+---------------------+------+-----+---------+----------------+
| Field      | Type                | Null | Key | Default | Extra          |
+------------+---------------------+------+-----+---------+----------------+
| id         | mediumint(8) unsigned| NO  | PRI | NULL    | auto_increment |
| cat_id     | smallint(6)         | NO   |     | 0       |                |
| title      | varchar(150)        | NO   |     |         |                |
| defined    | text                | NO   |     | NULL    |                |
| content    | longtext            | NO   |     | NULL    |                |
| image      | varchar(255)        | NO   |     |         |                |
| click      | smallint(5) unsigned | NO  |     | 0       |                |
| keywords   | varchar(50)         | YES  |     | NULL    |                |
| description| varchar(255)        | NO   |     |         |                |
| add_time   | date                | YES  |     | NULL    |                |
| sort       | tinyint(3) unsigned | NO   |     | 0       |                |
+------------+---------------------+------+-----+---------+----------------+
```

图 7-6 news 表结构

6. page 表

page 表主要存储企业多个页面的文字介绍内容，主要包含页面名、文字内容等字段，其表结构如图 7-7 所示。

```
+------------+---------------------+------+-----+---------+----------------+
| Field      | Type                | Null | Key | Default | Extra          |
+------------+---------------------+------+-----+---------+----------------+
| id         | mediumint(8) unsigned| NO  | PRI | NULL    | auto_increment |
| page_name  | varchar(150)        | NO   |     |         |                |
| parent_id  | smallint(5)         | NO   |     | 0       |                |
| content    | longtext            | NO   |     | NULL    |                |
| keywords   | varchar(255)        | NO   |     |         |                |
| description| varchar(255)        | NO   |     |         |                |
+------------+---------------------+------+-----+---------+----------------+
```

图 7-7 page 表结构

7. config 表

config 表主要存储网站系统的配置信息，主要包含配置信息名、配置内容、类型等字段，其表结构如图 7-8 所示。

```
+--------+----------------------+------+-----+---------+-------+
| Field  | Type                 | Null | Key | Default | Extra |
+--------+----------------------+------+-----+---------+-------+
| name   | varchar(80)          | NO   |     | NULL    |       |
| value  | text                 | NO   |     | NULL    |       |
| type   | varchar(10)          | NO   |     |         |       |
| sort   | tinyint(3) unsigned  | NO   |     | 1       |       |
+--------+----------------------+------+-----+---------+-------+
```

图 7-8 config 表结构

7.4 系统路由配置

为了和前面单元网站前台的页面路由区别开，在实现商品管理系统时，使用 express 命令重新生成一个基于 Express 框架的站点文件夹，监听一个新的端口，所有路由地址统一以 "/admin" 开头，方便进行模块化开发与维护，商品管理模块的主要路由地址规划如表 7-2 所示。

表 7-2 主要路由地址规划

路由地址	路由功能
/admin/login	管理员登录
/admin/doLogin	管理员登录提交（post 请求）
/admin/logout	管理员退出登录
/admin/product	后台商品列表
/admin/add	商品添加页面
/admin/doAdd	商品信息添加提交（post 请求）
/admin/edit	商品信息修改页面
/admin/doEdit	商品信息修改提交（post 请求）
/admin/delete	商品信息删除
/admin/search	商品信息查询

!!! 小贴士

合理的路由地址规划设计既能提高项目开发的规范性，又能提高项目代码的可读性和执行效率。在进行复杂的 Web 应用系统开发时，可以根据功能模块进行路由规划，同一个功能模块使用同一个路由前缀，同一个功能模块对应的模板引擎被单独组织在一个文件夹内，这样可以提高文件组织的有序性，方便系统维护。

任务 2　管理员登录

微课视频

管理员登录

7.5　任务描述

　　Web 应用系统的数据维护功能具有一定的权限，一般由系统管理员完成。为了能够验证管理员的身份，首先要有一个管理员登录页面，输入指定的用户名和密码后，才能登录商品管理系统进行数据维护。本任务基于 admin 表中的管理员账号信息，在登录页面中进行验证，登录成功后进入后台首页，否则提示登录失败。管理员登录页面如图 7-9 所示。

图 7-9　管理员登录页面

7.6　支撑知识

微课视频

Session

7.6.1　Session 工作原理

　　Session 称为"会话"，是用于维持客户端和服务器之间会话状态的技术。Session 在服务器端存储特定用户会话所需的属性及配置信息，安全性好。服务器通过 Session 将用户的信息临时保存在服务器中，客户无法修改，用户离开网站后，Session 才会被注销。

　　Session 的典型应用有：存储登录用户的账号、存储购物车商品数据等。这些信息有两个特征：一是存储在 Session 中的数据可以跨页面被访问；二是存储在 Session 中的数据可以有一定的访问时延。Session 的工作原理如图 7-10 所示。

　　（1）浏览器第一次请求服务器时，服务器会创建一个 session。

　　（2）服务器依赖 cookie 将生成的 sessionid 返回给浏览器。

　　（3）浏览器收到 sessionid 后将其进行保存。

　　（4）当浏览器再次请求服务器时，就会携带该 sessionid，服务器会先去检查是否存在这个 sessionid。如果不存在，就新建一个 sessionid[重复步骤（1）～（2）的流程]；如果存在，就去遍历服务器的 session 文件，找到与这个 sessionid 相对应的文件，文件中的键为该 sessionid，值为当前用户的一些信息。后续的请求都会交换这个 sessionid，进行有状态的会话。

图 7-10　Session 的工作原理

7.6.2　Session 的安装配置与使用

在 Express 框架中，处理 Session 数据的第三方中间件为 express-session。引入该中间件后，需要对其进行配置：

```
app.use(session(option))
```

其中，option 的常用参数如下。

- name：保存的 session 的字段名称，默认值为 connect.sid。
- store：session 的存储方式，默认放在内存中。
- secret：防止服务器生成的 session 签名被篡改。
- cookie：设置存放 sessionid 的 cookie，默认值为 { path: '/', httpOnly: true, secure: false, maxAge: null }。
- resave：强制保存 session，即使 session 没有被修改也保存，默认值为 true，建议设为 false。
- saveUninitialized：强制存储未初始化的 session，默认值为 true。当新建了一个 session 且未设定其属性或值时，它就处于未初始化状态。

请求对象提供了 session 属性，可以使用以下语句来获取：

```
req.session
```

接下来通过示例来介绍第三方中间件 express-session 的安装与配置，以及设置与获取 session。

【示例 7.1】使用 express-session 存储管理员账号，模拟登录功能。

（1）在 E 盘下搭建项目环境，进入项目目录后，安装依赖包：

```
express -e mysession
cd mysession
npm install
```

（2）安装第三方中间件 express-session：

```
npm install express-session
```

（3）修改 routes 文件夹下的 index.js 文件，配置中间件，设置并获取 session，代码如下。
routes/index.js-配置中间件，设置并获取 session。

```
const express = require("express");
const session = require("express-session");
var router = express.Router();
// 配置中间件
router.use(session({
    secret: "express session",
    resave: false,
    saveUninitialized: true,
    cookie: ('name', 'value', {
        maxAge: 5 * 60 * 1000,
        secure: false
    })
}));
router.use('/login', function(req, res) {
    // 设置 session
    req.session.userinfo = '管理员';
    res.send("登录成功! ");
});
router.use('/', function(req, res) {
    // 获取 session
    if (req.session.userinfo) {
        res.send("你好, " + req.session.userinfo + ", 欢迎访问本站! ");
    } else {
        res.send("未登录");
    }
});
module.exports = router;
```

（4）在 CMD 窗口输入以下命令并执行：

```
npm start
```

（5）启动该应用后，打开浏览器，输入网址 http://localhost:3000/login 并按"Enter"键，显示登录成功，如图 7-11 所示。

图 7-11　登录页面

（6）打开浏览器，输入网址 http://localhost:3000 并按"Enter"键，显示登录信息，如图 7-12 所示。

图 7-12 首页

【代码分析】

首先引入 express-session 中间件并进行配置。在匹配"/login"路由的时候，设置 session 中的 userinfo 值为"管理员"，并显示登录成功。在匹配"/"路由的时候，如果查询到 session 的 userinfo 信息，则显示欢迎语句；若没有查询到 session 中的 userinfo 信息，则提示未登录。由于已经通过访问 http://localhost:3000/login 网页，服务器成功设置了 session 的信息，因此，再次访问首页时，能够获取 session 中的"管理员"，显示欢迎语句。

7.7 任务实现

7.7.1 数据准备

在 DuDaInfo 数据库中的 admin 表内预先插入一个合法的管理登录账号。系统登录用户名为"admin"，密码明文为"123456"，表中插入的是"123456"的 MD5 加密以后的密文，如图 7-13 所示。当用户输入密码后，程序中先对其进行 MD5 加密，然后将其和表中的密文进行比对。

user_id	user_name	password	action_list	add_time
1	admin	e10adc3949ba59abbe56e057f20f883e	ALL	1525579374

图 7-13 用户名和密码

7.7.2 创建项目文件夹

假设在 E 盘根目录下搭建项目环境。双击打开 E 盘，选择地址栏文字，输入 cmd，进入当前目录下的 CMD 窗口，输入以下命令并执行：

```
express -e DuDa_Manage
```

此时，在 E 盘根目录下出现文件夹 DuDa_Manage。切换目录进入站点，安装依赖包，在当前 CMD 窗口输入以下命令，按"Enter"键执行：

```
cd DuDa_Manage
npm install
```

此时文件夹内会自动创建 node_modules 文件夹，所有下载的依赖包都保存在该文件夹内。

为了能够从 MySQL 数据库中获取商品数据，还需局部安装 mysql 模块。为了能够在 Session 中存入登录成功的账号信息，还需安装 express-session 模块。此外，对用户输入的密码需要进行 MD5 加密验证，还需安装 md5-node 模块；为了能够获取商品添加和修改时的文件上传信息，还需安装 multiparty 模块。

在当前 CMD 窗口输入以下命令并执行：

```
npm install mysql
npm install express-session
npm install md5-node
npm install multiparty
```

为了防止端口冲突，为该应用重新分配一个端口。打开 DuDa_Manage 根目录下的 app.js，在其末尾添加代码，监听一个端口，代码如下。

app.js-项目主程序。

```
app.listen(3006,function(err){
    console.log('Server running at http://127.0.0.1:3006/');
});
```

测试项目运行，在当前的 CMD 窗口输入以下命令并执行：

```
nodemon app.js
```

启动该应用后，打开浏览器，输入网址 http://localhost:3006 并按 "Enter" 键，便可以看到项目搭建成功。

7.7.3 创建模板引擎

将事先准备好的模板引擎及其样式、图片等静态资源分别复制到 views 和 public 文件夹下。因为现在项目中连接的数据库为 DuDaInfo，和前面单元一致，所以还需将数据库连接模块 "db.js" 复制至站点根目录下，具体代码在 6.3.3 小节中可查。

登录页为 login.ejs，后台首页 index.ejs 主要显示商品列表，商品添加页 productadd.ejs 主要用于设计一张表单进行商品信息录入，商品编辑页面 productedit.ejs 提供商品信息修改功能，这 3 个有关商品管理的页面被放在 product 文件夹下，其共有的文件 header.ejs 和 left.ejs 被放在 include 文件夹下，如图 7-14 所示。

下面主要来看登录页 login.ejs 的代码，主要是一张登录表单，由于提交的是账号信息，表单提交方式设为 "post"，跳转处理的路由地址为 "/admin/doLogin"，在进行登录验证时，routes 文件夹下的 admin.js 路由文件要对 post 方式提交的地址进行验证账号编程。

views\login.ejs-管理员登录页。

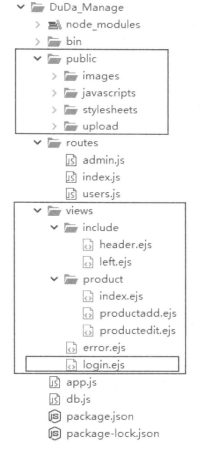

图 7-14　页面模板文件列表

```
<!DOCTYPE html>
<html>
    <head>
        <title>用户登录</title>
        <link rel="stylesheet" href="/stylesheets/bootstrap.min.css">
```

191

```
            <link rel="stylesheet" href="/stylesheets/login.css">
        </head>
        <body>
        <div class="container">
            <div class="row">
                <div class="col-md-offset-3 col-md-6">
                <form class="form-horizontal" action="/admin/doLogin" method=
"post">
                    <span class="heading">管理员登录</span>
                    <div class="form-group">
                        <input type="text" name="username" class="form-control"
placeholder="用户名">
                        </div>
                    <div class="form-group help">
                        <input type="password" name="password" class="form-control"
placeholder="密  码">
                    </div>
                    <div class="form-group">
                        <button type="submit" class="btn btn-default">登录</button>
                    </div>
                </form>
            </div>
        </div>
    </div>
</body>
</html>
```

【代码分析】

表单中要为用户名和密码输入框设置"name"属性，在进行登录验证时需要根据输入框名获取用户输入的账号信息到 admin 表中查询该输入账号是否存在，以判断其合法性。

7.7.4　主程序配置 Session 和路由

为了统一配置商品管理系统的路由，以及能够让站点内的页面成功使用 Session，需要在主程序 app.js 中进行配置。使用"app.use"分别配置 Session 和路由信息，管理员登录访问的路由地址为 http://localhost:3006/admin/login，在项目启动后，该地址显示在控制台中，提醒用户要先登录。

app.js-项目主程序。

```
var createError = require('http-errors');
var express = require('express');
var path = require('path');
var cookieParser = require('cookie-parser');
var logger = require('morgan');
const session = require("express-session");
var indexRouter = require('./routes/index');
var usersRouter = require('./routes/users');
```

```
// 引入 routes 文件夹下的 admin 模块
const admin  = require("./routes/admin");
var app = express();
// 配置 session 中间件
app.use(session({
    secret:"DuDa manage",
    resave:false,
    saveUninitialized:true,
    cookie:{maxAge:1000*60*60*20}
})) ;
app.set('views', path.join(__dirname, 'views')); // 模板引擎设置
app.set('view engine', 'ejs');
app.use(logger('dev'));
app.use(express.json());
app.use(express.urlencoded({ extended: false }));
app.use(cookieParser());
app.use(express.static(path.join(__dirname, 'public')));
app.use('/', indexRouter);
app.use('/users', usersRouter);
app.use("/admin",admin);    // 加载 admin 模块
// catch 404 and forward to error handler
app.use(function(req, res, next) {
  next(createError(404));
});
app.use(function(err, req, res, next) {
  res.locals.message = err.message;
  res.locals.error = req.app.get('env') === 'development' ? err : {};
  res.status(err.status || 500);
  res.render('error');   // 渲染错误页面
});
module.exports = app;
app.listen(3006,function(){  // 监听端口
   console.log('http://localhost:3006/admin/login');
});
```

【代码分析】

上述代码中的下划线部分为 Session 配置信息，其中 secret 是配置的加密字符串，目的是提高安全性，防止客户端恶意伪造；resave 为 false，表示以后更新；saveUninitialized 为 true，表示无论是否使用了 SessionId 都默认直接分配一把钥匙；cookie 的最长存在时间为 20min。

上述代码中的下划线部分为路由的配置信息，加载"routes"文件夹下的"admin.js"文件，在访问其定义的路由地址前统一加"/admin"。这样便与前面表 7-2 中的规划路由地址一致。

7.7.5　编写路由代码

登录过程分为两步，首先通过访问"/admin/login"渲染登录页面；其次用户输入管理员账号，单击"登录"按钮后，提交表单，进行账号的验证，登录成功，跳转至首页，否则提

示登录失败。在登录成功后，在首页显示登录人信息，并提供"退出登录"功能。

在 routes 文件夹下新建文件"admin.js"编写登录相关的处理代码。

routes\admin.js-商品管理路由文件。

```javascript
const express = require("express");
const router = express.Router();
const md5 = require("md5-node");
const db = require("../db.js");
const multiparty = require("multiparty");
// 登录相关
router.get("/login",function (req,res, next) {   // 访问登录页
    res.render("login.ejs");
});
router.post("/doLogin",function (req,res, next) {   // 登录提交后，验证账号
    const userName = req.body.username;
    const pas = md5(req.body.password);
    var  sql = 'SELECT * FROM admin where user_name=? and password=?';
    let sqlParam=[userName, pas];
     // 根据用户输入进行查询
    db.conn.query(sql,sqlParam,function (err, result) {
      if(err){
        console.log('[SELECT ERROR] - ',err.message);
        return;
      }
      if(result && result.length>0){   // 若输入账号正确，在表中会查到记录
          // 使用 session 来保存登录人信息，用于权限控制
          req.session.userInfo = result[0];
          // 在路由文件中设置全局变量 userInfo，保存已登录的用户名，这样在所有页面都可
显示登录用户信息
          // 在其他 ejs 模板文件中直接使用<%=userInfo%>调用该全局变量
          req.app.locals["userInfo"] = req.session.userInfo.user_name;
          res.redirect("/admin/product");   // 跳转到 product 页面
      }else{
          res.send("<script>alert('登录失败');location.href='/admin/
login';</script>");
      }
    });
});
// 退出登录
router.get("/logout",function (req,res, next) {
    req.session.destroy(function (err) {   // 销毁 Session 信息
        if(err){
           console.log(err);
        }else{
```

```
            res.redirect("/admin/login");
        }
    });
});
```

【代码分析】

分 3 段代码分别实现登录页面渲染、登录账号验证和退出登录功能。在进行登录账号验证时，使用 req.body 加表单中文本框和密码框的 name 值获取表单提交的数据，对于对应密码，要使用 md5()对其进行加密，然后到数据表 admin 中查询其是否存在。登录成功后，一定要将管理员登录账号存到 Session 中，后台其他页面只有判断到 Session 中存入了管理员账号才能被访问，这样就实现了权限控制。

商品管理系统中的页面都有权限控制需求，所以为了便于在每个页面中显示管理员信息，还需将 Session 中的账号赋值给"req.app.locals["userInfo"]"，这样在 ejs 模板引擎中就可直接使用<%=userInfo%>调用。

注意：这里的 3 个路由地址前面都没有"/admin"，但是由于在主程序 app.js 中已说明，访问"admin.js"路由文件时，统一设置路由地址前缀为"/admin"，所以在浏览器中访问这些功能时，要加"/admin"才能调用这些处理代码。

7.7.6　启动项目浏览页面

在当前的 CMD 窗口输入以下命令并执行：

```
nodemon app.js
```

启动该应用后，打开浏览器，输入网址 http://localhost:3006/admin/login 并按"Enter"键，便打开管理员登录页面，如图 7-15 所示。

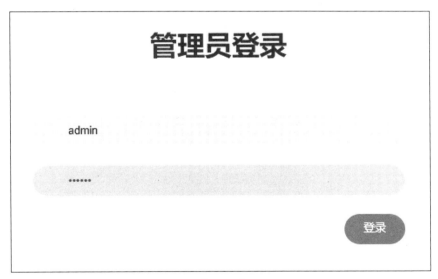

图 7-15　管理员登录页面

输入正确的用户名和密码，登录后跳转至商品管理系统首页，在右上角显示管理员登录账号和退出超链接，如图 7-16 所示。单击"安全退出"超链接，退出管理员账号，跳转至登录页。

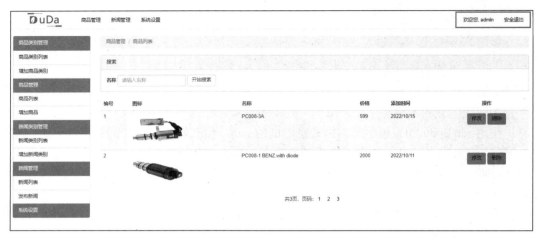

图 7-16　管理系统首页

任务 3　首页显示商品列表

微课视频

7.8　任务描述

在页面中分页显示 product 表中所有的商品列表，主要包含商品图标、名称、价格、添加时间等信息，在最后一列提供"修改"和"删除"按钮，运行效果如图 7-17 所示。

首页显示商品列表

图 7-17　首页显示商品数据

7.9　支撑知识

当数据表中的记录数较多时，在一个页面中显示所有的数据列表，会影响页面布局的美观性，用户浏览起来也非常不方便。为了解决这些问题，需要设置分页显示。分页设置不仅可以让用户读取到表中所有的数据，而且每次只从数据库中读取部分数据，既能提高数据库的反应速度，又可以提高页面的加载速度。

要想对表中的数据进行分页显示，需要 4 个要素：

- 数据表中的记录总数；
- 每页要显示的记录条数；
- 页码导航；
- 当前访问页码。

1. 数据表中的记录总数

在路由代码中可以使用 select 语句获取数据表中的记录总数，代码如下：

```
var sumSQL = "select count(*) as recordCount from product";
db.conn.query(sumSQL,function(err,result){
    var recordCount = result[0].recordCount;  // 取得了查询到的记录总数
});
```

2. 每页要显示的记录条数

为了能够在渲染模板引擎时，整齐、美观地呈现数据列表，可由客户或软件开发人员根据页面布局情况，自行设置每页要显示的记录条数，一般使用变量存储，代码如下：

```
var pageSize =3;  // 定义每页显示多少条
```

3. 页码导航

根据数据表中的记录总数和每页要显示的记录条数，可以计算出所需的页码个数，在页面中使用数字或者"上一页""下一页"等作为页码超链接的主体。

页码个数的计算方式如下：

```
var pageCount = Math.ceil(recordCount / pageSize);  // 计算页码个数
```

在做除法时要向上取整，有余数则页码数要加 1。页码个数 pageCount 要传递到页面模板，方便显示页码导航。为了区分用户的页码选择，页码导航要添加地址栏参数 page，代码如下：

```
<section class="page">
    <% if(pageCount>0){%>
        共<%= pageCount %>页，页码：
        <% for (var i=1;i<=pageCount;i++){
            if (i==page){  %>
             <span class="pageactive"><a href="?page=<%= i %>"><%= i
%></a>  </span>
            <%}else{%>
             <span><a href="?page=<%= i %>"><%= i %></a>  </span>
            <%}%>
        <%  }
        }
    %>
</section>
```

【代码分析】

当页码个数 pageCount 大于 0 时，使用 for 循环，从 1 开始将每个页码显示在页面中。当用户单击某个页码时，需要让程序知道，所以页码是超链接形式，单击选择的页码要在地

Node.js 应用开发项目化教程（慕课版）

址栏中显示，方便路由文件获取并根据该值进行数据分页查询。此外，为了提高用户体验，被选中的页码数字要加 css 样式"pageactive"。

4. 当前访问页码

在分页显示数据时，正是通过当前访问页码，到数据表中查询指定范围的数据并进行显示。当前访问页码由用户在页码导航中通过单击页码超链接产生，在程序中要获取并保存，代码如下：

```
// 获取地址栏中参数 page
var page = req.query.page || 1;    // 第一次打开页面时，地址栏 page 为空值，默认取 1
```

通过当前页码，计算应该从哪条记录开始查询，返回对应的记录并将其响应到页面。

7.10 任务实现

在管理员登录成功的前提下，进入后台首页，也就是商品列表页，分页显示所有商品信息。

7.10.1 编写路由代码

打开 routes 文件夹下的 admin.js 文件，追加代码，实现数据分页查询，将查询结果、计算得出的页码数和当前页码传递到页面模板 product\index.ejs 中，以决定如何显示数据。

routes\admin.js-商品管理路由文件。

```
router.get("/product",function (req,res, next) {  // 分页显示商品列表
    var sumSQL = "select count(*) as recordCount from product";
    db.conn.query(sumSQL,function(err,result){
    if(err) return console.log(err);
    console.log(result);  // [{ recordCount:12}],数组
    var recordCount = result[0].recordCount;  // 取得了查询到的记录总数
    var pageSize =3;  // 定义每页显示多少条
    var pageCount = Math.ceil(recordCount / pageSize);  // 计算页码个数
    // 获取地址栏中参数 page，为用户选择的当前页码
    var page = req.query.page || 1;    // 第一次打开页面时，取得空值，默认取 1
    var start = (page-1) * pageSize;
    var strSQL = "select * from product order by id desc limit " + start + ","
+pageSize;  // 按照当前页码查询该页数据
    db.conn.query(strSQL, function (err, result) {
        if(err){
        console.log('[SELECT ERROR] - ',err.message);
        return;
        }
    res.render("product/index",{list:result,yemashu:pageCount,page:page});
    });
  });
});
```

198

【代码分析】

在渲染模板时，要进行分页处理，根据当前选中的页码，查询指定数据，并将其传递到模板中。此外，为了能够完整地显示所有页面，以及有区别地显示当前页码，页码个数pageCount 和当前页码 page 也要传递到模板引擎中。

7.10.2 模板引擎解析数据

在 views 文件夹下新建 product 文件夹，新建 index.ejs 文件，页面布局可自行设计，也可参考类似模板进行改造，所有的页面模板引擎列表如图 7-18 所示。

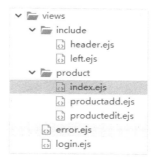

图 7-18 页面模板引擎列表

views\product\index.ejs-商品列表首页。

```
<%- include ../include/header.ejs%>
    <div class="container-fluid">
        <div class="row">
            <div class="col-sm-2">
                <%- include ../include/left.ejs%>
            </div>
            <div class="col-sm-10">
                <ol class="breadcrumb">
                    <li class="active">商品管理</li>
                    <li class="active">商品列表</li>
                </ol>
                <div class="panel panel-default">
                    <div class="panel-heading">搜索</div>
                    <div class="panel-body">
        <form  role="form"  class="form-inline"  action='/admin/search'
method="get">
                <div class="form-group">
                    <label for="name">名称</label>
                    <input type="text" class="form-control" id="name"
placeholder="请输入名称" name='key'>
                </div>
                <div class="form-group">
                    <button type="submit" class="btn btn-default">开始搜索
</button>
```

```
            </div>
        </form>
            </div>
        </div>
        <!-- 列表展示-->
        <div class="table-responsive">
            <table class="table table-striped">
                <thead>
                <tr>
                    <th>编号</th>
                    <th>图标</th>
                    <th>名称</th>
                    <th>价格</th>
                    <th>添加时间</th>
                    <th class="text-center">操作</th>
                </tr>
                </thead>
                <tbody>
                <% for(var i=0;i<list.length;i++){ %> // 循环变量从数组索
引 0 开始

                <tr>   // 每个商品为表格中的一行
                    <td><%=(i+1)%></td>   // 从编号 1 开始，数组索引加 1
                    <!--建立虚拟目录去匹配图片地址-->
                    <td><img src="/<%= list[i].image%>" width="150px"
height="100px"></td>

                    <td><%=list[i].name %></td>
                    <td><%=list[i].price%></td>
                    <td><%=list[i].add_time.toLocaleDateString() %></td>
                    <td class="text-center">
                        <a href="/admin/edit?id=<%= list[i].id%>" class=
"btn btn-success">修改</a>
                        <a   href="/admin/delete?id=<%=   list[i].id%>"
onclick="return confirm('确定要删除吗？');" class="btn btn-danger">删除</a></td>
                    </tr>
                <% }%>
                </tbody>
            </table>
    <center>
    <section class="page">
        <% if(yemashu>0){%>
            共<%= yemashu %>页，页码：<% for (var i=1;i<=yemashu;i++){
        if (i==page){  %>
            <span class="pageactive"><a href="?page=<%= i %>"><%= i %></a>
</span>  
```

```
        <%}else{%>
            <span><a href="?page=<%= i %>"><%= i %></a></span>  
<%}%>
            <%  }
        }
    %>
    </section>
</center>
            </div>
        </div>
    </div>
</div>
</body>
</html>
```

【代码分析】

传递过来的商品查询结果是一个数组 list，通过 for 循环遍历数据并在模板中显示。根据页码数，逐一显示页码超链接，为当前页所在的页码超链接添加样式 pageactive 以示区别。对于最后一列的操作按钮，为了能够区分对哪一条记录进行修改或删除，需要将商品的 id 值作为地址栏参数。

商品列表页以及其他管理功能页面都要加载两个公共模板文件，分别是头部文件 header.ejs 和左侧导航文件 left.ejs。

❖   views\include\header.ejs-头部模板文件。

```
<!DOCTYPE html>
<html>
<head>
    <meta charset="UTF-8">
    <title></title>
</head>
<body>

<link rel="stylesheet" href="/stylesheets/bootstrap.css">
<link rel="stylesheet" href="/stylesheets/basic.css">

<nav class="navbar navbar-inverse" role="navigation">
    <div class="container-fluid">
        <div class="navbar-header">
            <img src="/images/logo.png" height="44px;" />
        </div>
        <div class="collapse navbar-collapse" id="example-navbar-collapse">
            <ul class="nav navbar-nav">
                <li class="active"><a href="/admin/product">商品管理</a></li>
                <li class="active"><a href="#">新闻管理</a></li>
                <li class="active"><a href="#">系统设置</a></li>
            </ul>
```

```
            <ul class="nav navbar-nav navbar-right">
                <li><a>欢迎您，<%=userInfo%></a></li>
                <li><a href="/admin/logout">安全退出</a></li>
            </ul>
        </div>
    </div>
</nav>
```

【代码分析】

页面头部主要显示登录管理员信息，使用"<%=userInfo%>"调用在路由中保存的登录账号。同时提供"安全退出"超链接，由路由文件中的相应代码进行处理，详见 7.7.5 小节路由文件 routes\admin.js 中的代码。

♦ views\include\left.ejs-左侧导航模板文件。

```
<a href="#" class="list-group-item active">商品类别管理</a>
<a href="#" class="list-group-item">商品类别列表</a>
<a href="#" class="list-group-item">增加商品类别</a>


<a href="#" class="list-group-item active">商品管理</a>
<a href="/admin/product" class="list-group-item">商品列表</a>
<a href="/admin/add" class="list-group-item">增加商品</a>


<a href="#" class="list-group-item active">新闻类别管理</a>
<a href="#" class="list-group-item">新闻类别列表</a>
<a href="#" class="list-group-item">增加新闻类别</a>


<a href="#" class="list-group-item active">新闻管理</a>
<a href="#" class="list-group-item">新闻列表</a>
<a href="#" class="list-group-item">发布新闻</a>


<a href="#" class="list-group-item active">系统设置</a>
```

【代码分析】

设置了商品列表的导航地址为"/admin/product"，增加商品的导航地址为"/admin/add"，其他栏目的地址，可以根据实际需要进行规划设置，其基本原理与商品管理模块相似，在此不再赘述。

7.10.3 启动项目浏览页面

在当前的 CMD 窗口输入以下命令并执行：

```
nodemon app.js
```

启动该应用，打开浏览器，输入网址 http://localhost:3006/admin/login 并按"Enter"键，打开管理员登录页面，登录成功后，便跳转至后台首页 http://localhost:3006/admin/product，默认显示第一页的数据，如图 7-19 所示。

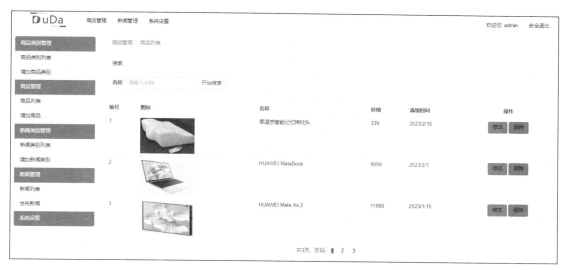

图 7-19　默认显示第一页数据

　　单击不同页码时，地址栏将出现 page 参数，表示当前选中的数据页，比如 http://localhost: 3006/admin/product?page=3，显示第三页的数据，如图 7-20 所示。

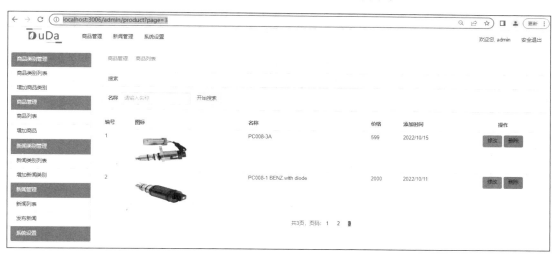

图 7-20　页面显示第三页数据

任务 4　商品添加功能

7.11　任务描述

微课视频

商品添加功能

　　商品管理系统主要用于数据维护，商品添加是其必备的一个功能。设计一张页面表单，用于提交商品的名称、类别、图片、价格、关键字、描述等信息，如图 7-21 所示。商品信息录入完成后，单击"提交"按钮，将该商品的数据作为记录，添加到 product 表中。

图 7-21　页面表单

7.12　支撑知识

微课视频

multiparty 模块实现
图片上传功能

商品添加涉及商品图片的上传功能，这里使用 multiparty 第三方模块完成，在使用之前，务必先进行局部安装。multiparty 模块主要用于解析表单提交的文本和文件内容，可以对接收到的表单上传的数据进行分割、过滤。

【示例 7.2】multiparty 处理表单上传的数据。

index.html-表单页面。

```
<!DOCTYPE html>
<html>
    <head>
        <meta charset="UTF-8">
        <title></title>
    </head>
    <body>
        <form action="http://localhost:8080" enctype="multipart/form-data"
method="post">
        <h1>商品信息: </h1>
        <input type="text" name="name" placeholder="name"><br>
        <input type="text" name="price" placeholder="price"><br>
        <input type="file" name="upload"><br>
        <input type="submit" value="提交">
        </form>
    </body>
</html>
```

【代码分析】

表单中包含 2 个文本框和一个文件上传控件，表单以 post 方式提交，表单数据由下面搭建的服务器（地址为 http://localhost:8080）进行处理。

multiparty.js-创建用于处理表单上传数据的服务器。

```javascript
const http = require('http');
const multiparty = require('multiparty');
let server = http.createServer((req, res) => {
    // 表单提交文件的存储位置
    let form = new multiparty.Form({uploadDir:'./upload/'});
    form.parse(req);
    // 获取文本
    form.on('field',(name,price)=>{
        console.log('field:',name,price);
    });
    // 获取文件
    form.on('file',(name,file)=>{
        console.log('file:',name,file);
    });
    // 获取结束
    form.on('close',function(){
        console.log('传输完毕');
    });
});
server.listen(8080);
```

【代码分析】

使用 http 模块创建一个服务器，监听 8080 端口，当表单数据提交后，设置提交文件的存储文件夹 upload，在文件上传前要事先创建好这个文件夹；获取文本框的输入值，获取上传文件的信息，主要包括存储位置、原始文件名、保存路径、文件头和图片尺寸等信息。

在当前 CMD 窗口输入以下命令并执行：

```
nodemon multiparty.js
```

运行该应用后，双击打开 index.html 文件，在浏览器中输入表单文本框值，上传一张图片，在控制台可以看到表单上传的数据信息，如图 7-22 所示。

图 7-22　通过 multiparty 获取并解析表单数据

运行成功后，在 upload 文件夹中可以查看到上传的图片，如图 7-23 所示。

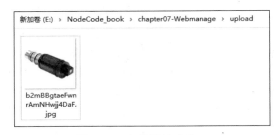

图 7-23　上传图片成功

7.13　任务实现

根据前面的分析，设计添加商品页面模板，编写路由代码进行文件上传处理。

7.13.1　创建商品添加表单

商品添加表单中主要包含商品名文本框、类别下拉框、图片文件上传控件和商品描述文本域。表单提交后，通过路由代码进行数据获取和解析，并将数据保存至表中。

views\product\productadd.ejs-商品添加表单页面。

```
<%- include ../include/header.ejs%>
<div class="container-fluid">
    <div class="row">
        <div class="col-sm-2">
            <%- include ../include/left.ejs%>
        </div>
        <div class="col-sm-10">
            <ol class="breadcrumb">
                <li class="active">商品管理 </li>
                <li class="active">商品列表</li>
            </ol>
            <div class="panel panel-default">
                <div class="panel-heading">增加商品</div>
                <div class="panel-body">
                    <div class="table-responsive input-form">
                        <form action="/admin/doAdd" method="post" enctype=
"multipart/form-data" class="input-form">
                            <ul>
                                <li>商品名称: <input type="text" name="title"/></li>
                                <li>商品类别: <select name="cat_id" id="">
                                    <option value="1">汽车配件</option>
                                    <option value="2">轮船配件</option>
                                    <option value="3">数码产品</option>
                                    <option value="4">家居用品</option>
                                    </select>
                                </li>
                                <li>商品图片: <input type="file" name="pic"/></li>
```

```
                              <li>商品价格: <input type="text" name="price"/></li>
                              <li>关键字:     <input type=
"text" name="keywords"/></li>
                              <li>商品描述: <textarea name="description" cols=
"60" rows="8"></textarea>
                              </li>
                              <li>
                                  <br/>
                                  <button type="submit" class="btn btn-success">
提交</button>
                              </li>
                          </ul>
                      </form>
                  </div>
              </div>
          </div>
      </div>
  </div>
  </body>
  </html>
```

【代码分析】

表单以 post 方式提交，表单提交后跳转至"/admin/doAdd"进行数据添加处理。

7.13.2　编写路由代码

以 get 方式访问"/add"，直接渲染商品添加页面模板。服务器接收到 post("/doAdd")，表示商品添加表单已经提交，使用 multiparty 第三方模块获取并解析提交的商品名称、类别、价格、关键字、描述等文本；设置商品上传地址为"public/uoload"，在存入数据库时，注意要将"public/"去掉，因为在 Express 框架中静态资源默认在 public 文件夹下获取。

routes\admin.js-商品管理路由文件。

```
router.get("/add",function (req,res, next) {
    res.render("product/productadd");
});


router.post("/doAdd",function (req,res, next) {
    const form = new multiparty.Form();
    // 上传图片的保存地址
    form.uploadDir = "public/upload";  // 上传的图片保存在 public 文件夹中
    // files 为图片上传成功返回的地址信息，fields 为获取的表单数据
    form.parse(req,function(err,fields,files){
        // 获取提交的商品名、价格等数据以及图片上传成功后返回的信息
        const title = fields.title[0];
        console.log(title);
        const cat_id = fields.cat_id[0];
        const price = fields.price[0];
```

```
        const description = fields.description[0];
        const keywords = fields.keywords[0];
        const add_time=new Date();
        // 去掉 public/，默认情况下会自动到 public 文件夹中找静态资源文件夹
        const pic = files.pic[0].path.substr(7);
        console.log(pic);
        var sql = 'insert into product(name,cat_id,price,content,image,
add_time,keywords) values(?,?,?,?,?,?,?)';
        var sqlParam=[title,cat_id,price,description,pic,add_time,keywords];
        db.conn.query(sql, sqlParam, function (err, result) {
        if(err){
          console.log('[SELECT ERROR] - ',err.message);
          return;
        }
        res.redirect("/admin/product");
      });
    });
  });
```

【代码分析】

使用参数化 insert 语句，将获取到的所有商品信息添加到表中。数据添加成功后，跳转至后台首页，就能看到刚添加的商品列表信息。

7.13.3　启动项目浏览页面

在当前的 CMD 窗口输入以下命令并执行：

```
nodemon app.js
```

启动该应用，管理员登录成功后，单击左侧导航菜单"增加商品"，或输入网址 http://localhost:3006/admin/add 并按"Enter"键，在页面表单中输入商品信息，提交后即跳转到后台首页，显示最新添加的商品信息，如图 7-24 所示。

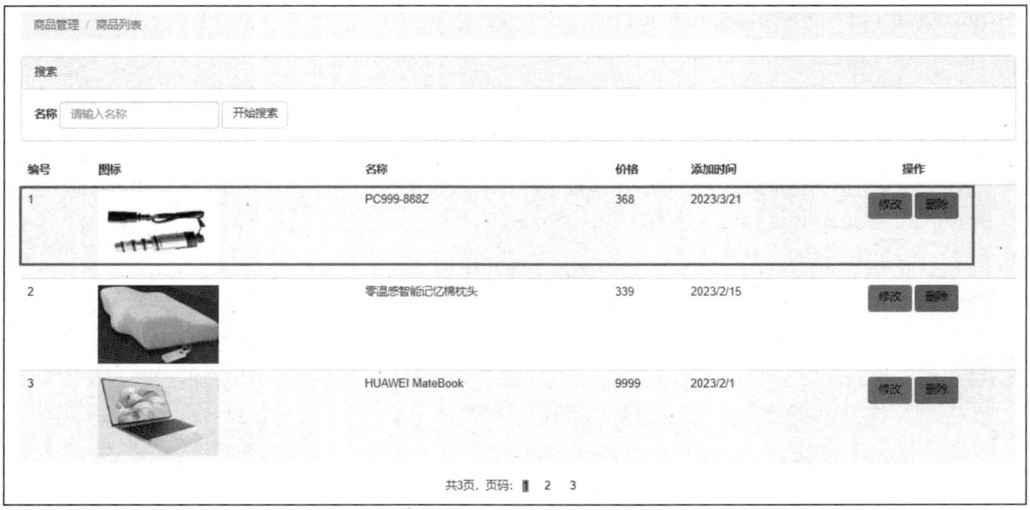

图 7-24　商品添加成功

任务 5 商品搜索功能

微课视频

商品搜索功能

7.14 任务描述

在后台首页提供商品搜索功能，在搜索表单中输入关键字，单击"开始搜索"按钮，即可根据关键字进行数据查询，将查询结果列表显示在页面，如图 7-25 所示。本任务所依赖的表单数据交互、数据查询等支撑知识在单元 6 中已说明，在此不赘述。

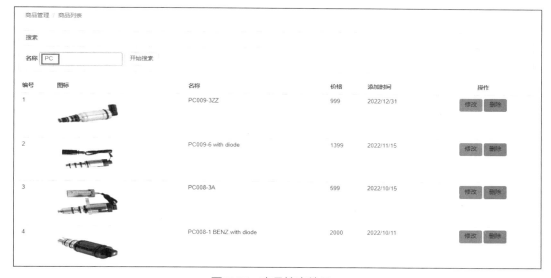

图 7-25　商品搜索结果

7.15 任务实现

7.15.1 创建商品搜索表单

在首页的上部创建一个搜索表单，包含一个关键字文本框和一个"开始搜索"按钮，当提交表单时，获取文本框输入值，在路由中根据输入关键字进行数据查询。

views\product\index.ejs-商品列表首页。

```
<div class="panel panel-default">
    <div class="panel-heading">搜索</div>
        <div class="panel-body">
            <form  role="form"  class="form-inline"  action='/admin/search'
method="get">
                <div class="form-group">
                    <label for="name">名称</label>
                    <input type="text" class="form-control" placeholder="请
输入名称" name='key'>
                </div>
                <div class="form-group">
```

```
                        <button type="submit" class="btn btn-default">开始搜索
</button>
                </div>
            </form>
        </div>
    </div>
```

【代码分析】

表单以 get 方式提交，文本框名为 "key"，表单提交后跳转至 "/admin/search" 进行数据查询处理。

7.15.2　编写路由代码

根据表单提交的方式和跳转页面地址，编写路由代码，重点是获取文本框中的输入值，构造一个关键字模糊查询语句，将查询结果传递到首页。在 admin.js 文件中追加如下代码。

routes\admin.js-商品管理路由文件。

```
router.get("/search",function (req,res, next) {  // 搜索商品列表
    var key = req.query.key;        // 获取文本框输入
    var strSQL = "select * from product where name like ? order by id desc";
    var strParam =['%' + key + '%'];  // 模糊查询
    db.conn.query(strSQL, strParam, function (err, result) {
      if(err){
        console.log('[SELECT ERROR] - ',err.message);
        return;
      }
        // 不再显示页码
        res.render("product/index",{list:result,page:-1,yemashu:-1});
    });
});
```

【代码分析】

通过 req.query 加文本框名获取输入，使用 like 语句构造一个商品名的模糊查询 SQL 语句，然后执行查询，将结果传递到页面模板 "product/index"。原来首页中用于分页显示所需的页码数和当前页码被赋值为-1，即不再显示页码。模板引擎中商品数据的渲染样式保持不变，只是数据源发生了变化，所以模板引擎解析数据的代码同 7.10.2 小节中相关代码，在此不详细列出。

7.15.3　启动项目浏览页面

在当前的 CMD 窗口输入以下命令并执行：

```
nodemon app.js
```

启动该应用，管理员登录成功后，在后台首页搜索框中输入查询关键字 "diode"，单击 "开始搜索" 按钮，在下方出现搜索结果，如图 7-26 所示。

图 7-26 商品搜索结果

任务6 商品修改功能

7.16 任务描述

商品管理系统要能够对已经添加的商品信息进行修改，当在商品列表中单击某一个商品右侧的"修改"按钮时，跳转到修改页面，在表单中首先呈现该商品的原始信息，然后用户进行修改，单击"提交"按钮，将修改后的值更新到数据库中，商品修改页面如图 7-27 所示。本任务所依赖的表单数据交互、数据查询、数据更新等支撑知识在单元 6 中已说明，在此不赘述。

微课视频

商品修改功能

图 7-27 商品修改页面

7.17　任务实现

7.17.1　设置列表超链接

商品列表页要为每一个商品提供修改功能。考虑到所有商品修改功能页面共用同一个模板，在每个商品"修改"超链接后面要加地址栏参数，以区分当前在修改哪条商品信息。
views\product\index.ejs-商品列表首页。

```
<a href="/admin/edit?id=<%= list[i].id%>" class="btn btn-success">修改</a>
<a href="/admin/delete?id=<%= list[i].id%>" onclick="return confirm('确定要删除吗？');" class="btn btn-danger">删除</a>
```

【代码分析】

获取商品在数据表中的主码 id 字段值作为地址栏参数，因为该值能唯一标识一个商品。

7.17.2　编写路由代码

在商品列表页单击"修改"按钮，根据地址栏参数查询记录，将查询到的商品信息传递到修改页面模板，以方便在表单中显示原来的商品信息。在 admin.js 文件中追加如下代码。
routes\admin.js-商品管理路由文件。

```
router.get("/edit",function (req,res, next) {
    const id = req.query.id;
    var  sql = 'select * from product where id=?';
    var sqlParam=[id];
    db.conn.query(sql, sqlParam, function (err, result) {
      if(err){
        console.log('[SELECT ERROR] - ',err.message);
        return;
      }
        res.render("product/productedit",{item:result[0]});
    });
});
```

【代码分析】

通过 req.query.id 获取地址栏参数，作为商品查询语句的 where 条件，取得单条商品数据，注意此时返回的数据尽管只有一条记录，也是以数组形式[{......}]返回的，使用 result[0]取得该条商品信息，其对应的数据结构为一个对象形式{......}，并将其传递到模板引擎中。

7.17.3　模板引擎解析数据

根据传递过来的数据，结合已有的布局将数据显示在页面中。
views\product\productedit.ejs-商品编辑表单页。

```
<%- include ../include/header.ejs%>
<div class="container-fluid">
   <div class="row">
     <div class="col-sm-2">
        <%- include ../include/left.ejs%>
     </div>
```

```html
        <div class="col-sm-10">
            <ol class="breadcrumb">
                <li class="active">商品管理 </li>
                <li class="active">商品列表 </li>
            </ol>
            <div class="panel panel-default">
                    <div class="panel-heading">编辑商品 </div>
                <div class="panel-body">
                    <div class="table-responsive input-form">
        <form action="/admin/doEdit" method="post" enctype="multipart/form-
data">
            <ul>
            <input type="text" name="_id" value="<%=item.id%>" hidden="hidden" />
            <li>商品名称: <input type="text" name="title" value="<%=item.name%>"/>
</li>
            <li>商品类别: <select name="cat_id" id="">
                <option value="1" <%=(item.cat_id==1)?'selected':'' %>>汽车配
件</option>

                <option value="2" <%=(item.cat_id==2)?'selected':'' %>>轮船配
件</option>

                <option value="3" <%=(item.cat_id==3)?'selected':'' %>>数码产
品</option>

                <option value="4" <%=(item.cat_id==4)?'selected':'' %>>家居用
品</option>

                    </select>
            </li>
            <li>商品图片: <input type="file" name="pic"/></br>  
                <img src="/<%=item.image%>" width="100px" height="100px"/>
            </li>
            <li>商品价格: <input type="text" name="price" value=
"<%=item.price%>"/></li>
            <li>关键字:     <input type="text" name=
"keywords" value="<%=item.keywords%>" /></li>
            <li> 商品描述 : <textarea name="description" id="" cols="60"
rows="8" ><%=item.content %></textarea></li>
            <li><br/><button type="submit" class="btn btn-success"> 提 交
</button></li>
            </ul>
        </form>
                </div>
            </div>
        </div>
    </div>
  </div>
  </body>
  </html>
```

【代码分析】

服务端响应过来的数据是一个对象，通过对象数据解构，将数据显示在模板中。商品类别要根据类别号进行匹配，使用三目运算符进行比较，在对应的"<option>"标签中增加属性"selected"，页面中该商品的类别名被选中。

7.17.4　编写修改提交路由代码

用户在修改页面提交新的商品数据后，表单以 post 方式提交，服务端要进行数据获取并将其更新至表中，在 admin.js 文件中，继续追加代码。

routes\admin.js-商品管理路由文件。

```
router.post("/doEdit",function (req,res, next) {
    const form = new multiparty.Form();
    form.uploadDir = "public/upload";
    form.parse(req,function(err,fields,files){
        const id = fields._id[0];
        console.log(id);
        const title = fields.title[0];
        const cat_id = fields.cat_id[0];
        const price = fields.price[0];
        const description = fields.description[0];
        const keywords = fields.keywords[0];
        const originalFilename = files.pic[0].originalFilename;  // 取原始文件名
        console.log(originalFilename);
        // 去掉 public/，默认情况下会自动到 public 文件夹中找静态资源文件夹
        const pic = files.pic[0].path.substr(7);
        console.log(pic);
        // originalFilename 有值，表示修改了图片
        // originalFilename 无值，表示未修改图片
        console.log(originalFilename.length);    // 上传图片时，长度大于 0,否则为 0
        if(originalFilename.length > 0){
        // 有修改图片，图片信息为: upload\\b2mBBgtaeFwnrAmNHwjj4DaF.jpg
            var sql = 'update product set name=?,cat_id=?, price=?,content=?,image=?,keywords=? where id=?';
                var sqlParam=[title,cat_id,price,description,pic,keywords,id];
        }else{
            // 未修改图片
            var sql = 'update product set name=?,cat_id=?,price=?,content=?,keywords=? where id=?';
                var sqlParam=[title,cat_id,price,description,keywords,id];
        }
        console.log(sqlParam);
        db.conn.query(sql, sqlParam, function (err, result) {
            if(err){
                console.log('[SELECT ERROR] - ',err.message);
                return;
```

```
            }
            res.redirect("/admin/product");
        });
    });
});
```

【代码分析】

更新商品信息时，数据获取与解析的思路与商品添加功能的思路类似，都要先获取商品信息，然后将其更新到表里。实现商品添加时，执行的是 insert 语句，而实现商品修改时，执行的是 update 语句。主要区别在于修改商品信息时，是否重新上传了图片，通过获取到的商品图片名进行判断，分别执行不同的 SQL 语句。

7.17.5 启动项目浏览页面

在当前的 CMD 窗口输入以下命令并执行：

```
nodemon app.js
```

启动该应用，管理员登录成功后，在后台首页单击某一条商品数据右侧的"修改"按钮，比如进入网址 http://localhost:3006/admin/edit?id=31，在打开的页面表中修改商品信息，提交后，数据更新至 product 表中，在列表页可以看到最新的商品数据，如图 7-28 所示。

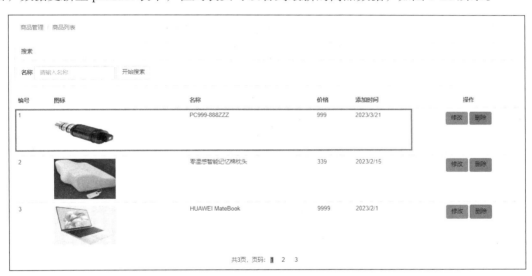

图 7-28　商品修改成功

任务 7　商品删除功能

微课视频

商品删除功能

7.18　任务描述

当在商品列表中，单击某一条商品数据右侧的"删除"按钮，弹出对话框，如图 7-29 所示。单击"确定"按钮后，将该条商品数据从数据表 product 中删除。本任务所依赖的地址栏参数设置、数据删除等支撑知识在单元 6 中已说明，在此不再赘述。

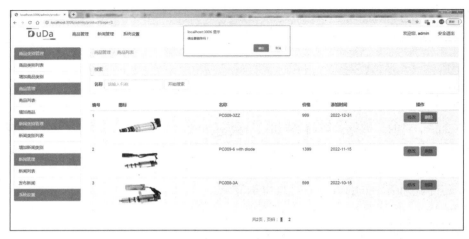

图 7-29　删除商品，弹出对话框

7.19 任务实现

7.19.1　设置列表超链接

商品列表页要为每一个商品提供删除功能。考虑到所有商品删除功能页面共用同一个模板，在每个商品"删除"按钮后面要加地址栏参数，以区分当前删除哪条商品信息。
views\product\index.ejs-商品列表首页。

```
<a href="/admin/edit?id=<%= list[i].id%>" class="btn btn-success">修改</a>
<a href="/admin/delete?id=<%= list[i].id%>" onclick="return confirm('确定要
删除吗？');" class="btn btn-danger">删除</a>
```

【代码分析】

获取商品在数据表中的主码 id 字段值作为地址栏参数。

7.19.2　编写路由代码

在商品列表页单击"删除"按钮，根据地址栏参数 id 的值，构造 delete 语句，将该条商品从 product 表中删除，然后再跳转到商品列表页。

注意：单击对话框中的"确定"按钮后才能执行删除商品代码，商品删除后再次进入商品列表页，此时会执行列表页的路由代码，到表中重新查询商品数据并返回页面，区别在于当前的商品列表页中少了一个商品，该操作实际起到了一个刷新页面的效果。

routes/admin.js-商品管理路由文件。

```
router.get("/delete",function (req,res, next) {
    const id = req.query.id;
    var  sql = 'delete FROM product where id=?';
    var sqlParam=[id];
    db.conn.query(sql, sqlParam, function (err, result) {
      if(err){
        console.log('[SELECT ERROR] - ',err.message);
        return;
      }
```

```
        res.redirect("/admin/product");
    });
});
```

【代码分析】

通过 req.query.id 获取地址栏参数，使用 delete 语句将该条商品信息从表中删除，然后使用 res.redirect()方法跳转到商品列表页。

7.19.3 启动项目浏览页面

在当前的 CMD 窗口输入以下命令并执行：

```
nodemon app.js
```

启动该应用后，管理员登录成功后，单击某一条商品数据右侧的"删除"按钮，打开删除确认对话框，单击"确定"按钮，数据从表中删除，页面重新定位到后台首页，不再显示被删除的商品数据，如图 7-30 所示。

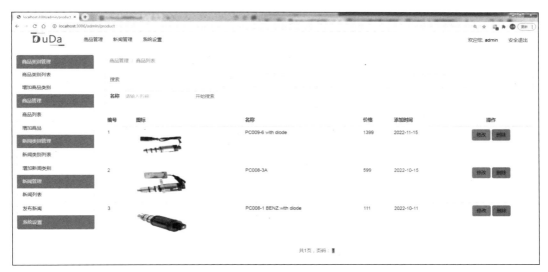

图 7-30　数据删除后的页面

至此，商品管理系统的核心功能就完成了。先从管理员登录页开始，输入账号和密码通过验证后进入后台首页，完成商品列表显示、商品搜索、商品增加、商品修改和商品删除等功能。此时，管理系统还存在一个问题：假如管理员并没有登录，直接在浏览器中尝试输入商品管理首页的地址"http://localhost:3006/admin/product"，也可以进入管理页面，前面的登录验证就形同虚设。这与实际应用中的系统权限管理是不相符的。

接下来，需要定义一个检测登录的中间件，对所有商品管理功能（商品列表显示、商品搜索、商品增加、商品修改和商品删除）的路由增加登录检测。若管理员未登录，用户想直接在地址栏输入路由地址访问这些页面时，系统均要指向到登录页面，只有登录成功后，这些页面才能打开。

在路由文件 admin.js 中要追加登录检测的中间件代码。

◆　routes\admin.js-路由文件。

```
// 登录检测中间件
```

```
function authenLogin(req, res, next) {
  if (req.session.userInfo) {
            // session 中的 userInfo 不为空，说明登录成功
  next();  // 执行下一个中间件或路由
  } else {   // 登录失败，返回登录页
     res.redirect('/admin/login');
  }
}
```

【代码分析】

定义中间件 authenLogin，用来检测管理员是否登录。若已经登录，也就是说 req.session. userInfo 的值不为空，可执行下一个中间件或路由；若未登录，将当前路由重指向到登录页。登录检测的原理是：在 7.7.5 小节的登录验证路由代码 router.post("/doLogin",function (req,res, next) {...});中，当用户输入的账号和密码在 admin 表中存在，则给 session 中的变量 userInfo 赋值，此时 req.session.userInfo 不为空。退出登录时的路由代码 router.get("/logout",function (req,res, next) {...});中，通过 req.session.destroy 销毁了所有 session 中存入的数据，此时 req.session.userInfo 为空。登录检测时正是通过判断 req.session.userInfo 是否为空，来判别管理员是否真正登录了。

定义的中间件还需被调用。只有通过登录页面成功登录，才能进入管理首页，执行商品的增加、修改、删除和搜索功能，否则页面指向登录页，实现真正的管理权限控制。admin.js 中涉及商品列表显示、商品搜索、商品增加、商品修改和商品删除路由都要调用中间件 authenLogin，在原来的路由地址后面加一个中间件的函数名即可，内部代码保持不变。具体路由变化如表 7-3 所示。

表 7-3　加了登录检测的路由

管理功能原路由	加了登录检测的路由
router.get("/product", function (req,res, next){ ...... });	router.get("/product", **authenLogin**, function (req,res, next){ ...... });
router.get("/add", function (req,res, next){ ...... });	router.get("/add", **authenLogin**, function (req,res, next){ ...... });
router.post("/doAdd", function (req,res, next){ ...... });	router.post("/doAdd", **authenLogin**, function (req,res, next){ ...... });
router.get("/edit", function (req,res, next){ ...... });	router.get("/edit", **authenLogin**, function (req,res, next){ ...... });
router.post("/doEdit", function (req,res, next){ ...... });	router.post("/doEdit", **authenLogin**, function (req,res, next){ ...... });

续表

管理功能原路由	加了登录检测的路由

router.get("/delete", function (req,res, next){
 	
    ......
 	
});
	router.get("/delete", **authenLogin**, function (req,res, next){
	
	    ......
	
	});

router.get("/search", function (req,res, next){
 	
    ......
 	
});
	router.get("/search", **authenLogin**, function (req,res, next){
	
	    ......
	
	});

!!! 小贴士

　　商品管理功能是门户网站、电商系统等典型 Web 应用的核心功能，其设计与实现的思路非常重要，实现过程具有很好的参考价值。至此，教材中商品管理系统包含的管理员模块、商品管理模块功能已经讲解完毕。另外一个新闻管理模块的实现原理和过程与商品管理模块基本一致，涉及数据表创建、路由规划、页面模板创建、路由代码编写、中间件登录检测等，请大家理清思路，模仿商品管理模块的功能实现进行尝试。

　　模仿是学习各种技能的第一步。对于软件技术学习者来说，参考学习大量资料或代码，再根据业务需求进行改造，从而实现新的功能。这个过程其实就是模仿、实践、验证的过程，也是学习一门新知识、一项新技能的最佳途径。

单元小结

　　本单元主要基于 Express 框架和 MySQL 数据库，综合运用 Node.js 相关知识实现一个商品管理系统。该系统提供管理员登录功能，输入给定的管理员账号和密码，即可跳转到商品管理系统首页。系统以商品管理为主线，重点介绍了路由地址的设置、页面模板的设计、功能代码的编写等内容。由于本单元与单元 6 使用的是同一个数据库，维护的是同一张商品表，所以商品管理系统中对商品数据的所有操作会即时反馈到企业门户网站中，从而构建了一套完整的网站前、后台系统，满足真实应用场景下的项目开发需求，帮助大家学以致用。

单元习题

一、填空题

1. （　　　）称为"会话控制"，是用于维持客户端和服务器之间会话状态的技术。

2. （　　　）第三方模块主要用于解析表单提交的文本和文件内容，可以对接收到的表单上传的数据进行分割、过滤。

3. 要想对表中的数据进行分页显示，需要 4 个要素，即（　　　）。

4. router.get('/news')表示定义一个请求方式为 get 方式的路由，（　　　）表示请求的 URL 路径。

5. res.render('view',data)，其中，view 为视图模板文件，data 为（　　　）。

二、单选题

1. 在 Express 框架中，处理 session 数据的第三方中间件为（　　）。

    A. express-session   B. session-parser   C. session   D. session-express

2. Express 框架在路由文件中，使用（　　）获取 session 信息，比如登录用户名。

    A. req.params   B. req.query   C. req.body   D. req.session

3. Express 框架应用使用回调函数的参数（　　）对象分别来处理请求和响应的数据。

    A. response 和 request   B. request 和 response

    C. req 和 res   D. res 和 req

4. response 对象表示 HTTP 响应，即在接收到请求时向客户端发送的 HTTP 响应数据，实现页面跳转的方法是（　　）。

    A. res.cookie(name,value [,option])   B. res.json()

    C. res.redirect()   D. res.send()

5. session 信息存储在（　　）。

    A. 客户端   B. 客户端和服务器端

    C. 服务器端   D. 以上都对

三、简答题

1. 请简述 Session 存储信息的特点。

2. 请简述带有统一前缀"/admin/"的路由地址如何高效设置，以方便进行路由地址的维护。例如，统一给"/product""/news""/page"添加地址前缀，使用"/admin/product""/admin/news""/admin/page"进行访问。

3. 商品数据上传时，multiparty 模块如何解析表单数据？

单元 ⑧ Node.js 项目部署

本单元主要讲解 Node.js 项目部署。通过对本单元的学习，读者可以使用 PM2 进行多个项目的部署。

1. 知识目标

（1）掌握 PM2 的功能和安装。
（2）掌握 PM2 的常用命令。

2. 能力目标

（1）能够使用 PM2 部署 Node.js 项目。
（2）能够理解使用 PM2 部署项目的优点。

3. 素养目标

（1）培养读者关注生产场景下的项目部署方式。
（2）培养读者运用新技术进行项目的部署与管理。
（3）培养读者实际应用场景下的项目发布能力。

任务　部署 Express 项目

8.1 任务描述

在前面章节的项目开发过程中，为了即时查看 Node.js 项目的运行效果，一般在 CMD 窗口中使用 nodemon 运行主程序来启动项目。这种方式简单方便。nodemon 可以实现监听程序的代码变化，一旦修改并保存代码后，会自动重启该项目，但是在项目功能比较复杂的情况下，项目运行容易卡顿甚至崩溃，有时需要按 "Ctrl+C" 组合键退出后再输入命令进行重启。另外，一旦关闭正在运行命令的 CMD 窗口，项目所对应的进程会被自动关闭，导致项目无法被访问。

本任务以前面章节所学的两个 Express 项目为例，讲解如何使用 PM2 进行 Node.js 项目的部署。项目进程一旦启动后，可以保证项目一直在线被访问。

8.2 支撑知识

在服务器上部署项目时，需要考虑进程状态和性能的监控、负载均衡等问题。使用 PM2 部署 Node.js 项目，可以实现 Node.js 项目进程状态的实时查看，支持性能监控、进程守护和负载均衡等功能。

8.2.1 PM2 简介

微课视频

PM2 简介与安装

进程管理器 2（Process Manager 2，PM2）是一个 Node.js 应用进程管理工具，可以用来简化 Node.js 应用管理任务，如性能监控、自动重启、负载均衡等，而且使用非常简单。PM2 可以把项目部署到服务器所有的 CPU 上，进而提高整个项目的执行效率。PM2 可以在后台运行，即使关闭终端窗口也不影响项目的访问。

使用 PM2 部署 Node.js 项目有很多优点：可以实现进程守护，监听文件改动并自动重启项目，后端程序崩溃时也会自动重启项目，还可以限制不稳定的重启次数，达到上限就停止进程；可以收集日志，实现错误日志的打印；集群模式下会自动使用轮询的方式达到负载均衡，从而减轻服务器的压力；对于不同环境下的多个进程，可以统一配置，方便管理。

8.2.2 PM2 常用命令

PM2 提供了一系列命令，实现进程监控、日志管理、状态管理，其常用命令及其功能如表 8-1 所示。

表 8-1　PM2 常用命令及其功能

命令	功能
npm install pm2 -g	安装 PM2
pm2 start app.js	启动 app.js 应用程序
pm2 start app.js --name myAPI	启动应用程序并将其命名为"myAPI"
pm2 start app.js -- -a 34	启动应用程序，传递选项"-a 34"作为参数
pm2 start app.js --watch	监控文件变化并重启应用程序
pm2 start app.json	通过配置文件启动项目
pm2 start npm -- start	等同于 npm start，启动项目
pm2 start app.js -i 4	在集群模式下启动 4 个项目实例
pm2 reload all	0 秒停机并重新加载项目
pm2 stop all	停止所有的项目
pm2 stop 0	停止进程 id 为 0 的项目
pm2 delete all	删除所有项目
pm2 delete 0	删除进程 id 为 0 的项目
pm2 list	列出所有的进程
pm2 monit	显示项目的内存和 CPU 的使用情况
pm2 show [app-name]	显示[app-name]项目的信息
pm2 logs	显示所有项目的日志
pm2 logs [app-name]	显示特定项目的日志

续表

命令	功能
pm2 startup	检测系统初始化
pm2 save	保存当前进程列表
pm2 resurrect	恢复以前保存的进程
pm2 unstartup	禁用和删除启动系统
pm2 update	保存进程，终止 PM2 并恢复进程
pm2 generate	生成 JSON 配置文件示例

8.3 任务实现

根据任务描述，使用 PM2 实现 Express 项目部署，需要以下三步。

第一步，下载并安装 PM2。

第二步，配置项目运行命令。

第三步，使用 PM2 启动项目并对项目进行浏览。当项目结束使用后，可以使用 PM2 停止项目运行。

微课视频

使用 PM2 部署
Express 项目

8.3.1 下载并安装 PM2

在使用 PM2 之前，需要通过 npm 命令将其全局安装到当前计算机中。按 "Win+R" 组合键，打开 "运行" 对话框，输入 "cmd"，然后按 "Enter" 键，打开 CMD 窗口，输入下面命令：

```
npm install pm2 -g
```

按 "Enter" 键后，即可进行安装，如图 8-1 所示。

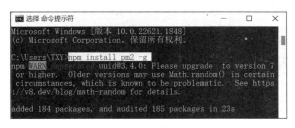

图 8-1　全局安装 PM2

安装完成后，在当前的 CMD 窗口，输入下面命令：

```
pm2 -v
```

然后可以看到版本号，说明 PM2 安装成功，如图 8-2 所示。

图 8-2　PM2 安装成功

8.3.2 配置项目运行命令

以单元 6 实现的 DuDa 企业网站项目为例，在项目根目录下的 package.json 文件中进行配置，新建一个启动方式"prd"，其是生产环境下的启动方式，具体如下所示。

package.json。

```
"scripts": {
    "start": "node ./bin/www",
    "dev": "nodemon ./bin/www.js",
    "prd": "pm2 start ./bin/www"
},
```

【代码分析】

"scripts"内包含三行代码，其结构与含义在 2.5.1 小节已经介绍过。第一行表示使用"npm run start"启动项目，等同于使用 node 命令启动项目，若项目代码有所修改，需要人为退出再重启项目；第二行表示使用"npm run dev"命令启动项目，等同于使用 nodemon 命令启动项目，它能监控代码变化并自动重启项目；第三行表示使用"npm run prd"启动项目，等同于使用 pm2 命令启动项目，即使关闭当前 CMD 窗口，项目也可以被正常访问。

8.3.3 使用 PM2 启动项目

打开项目所在的文件夹根目录，在当前目录下打开 CMD 窗口。即单击当前文件夹的地址栏，选中文件路径文字，输入字符"cmd"，然后按"Enter"键。在打开的 CMD 窗口中输入命令：

```
npm run prd
```

启动项目后，在当前 CMD 窗口可以看到项目启动信息，如图 8-3 所示。

图 8-3 使用 PM2 启动项目

图 8-3 所示的表格中列出了项目运行的 id、名称、版本和模式等信息。

- id 和 name 是进程的标识，可以根据这些标识进行其他操作，比如 stop、delete 等。
- mode 表示进程模式，值为 cluster 或 fork，cluster 表示有多个进程，fork 表示只有一个进程。
- status 表示进程是否在线，online 表示在线，stopped 表示已停止。
- cpu 表示进程的 cpu 占用率。
- mem 表示内存占用多少。

项目启动后，便可以在浏览器中查看项目运行效果，如图 8-4 所示。

图 8-4　查看项目运行效果

在同一个服务器上，可以同时部署多个项目，项目配置方法同上，修改项目的 package.json 文件，增加生产环境下的启动命令，或者直接由项目所在的根目录进入 CMD 窗口，输入命令：

```
pm2 start app.js --name DuDa_Manage
```

即可使用 PM2 启动一个新的项目，将其命名为"DuDa_Manage"，和之前启动的项目有所区分，所有的项目启动信息如图 8-5 所示。

```
选择 C:\WINDOWS\system32\cmd.exe

C:\NodeCode_book\DuDa_Manage>pm2 start app.js --name DuDa_Manage
[PM2] Starting C:\NodeCode_book\DuDa_Manage\app.js in fork_mode (1 instance)
[PM2] Done.
┌────┬──────────────┬─────────────┬─────────┬─────────┬──────┬──────┬────────┬──────┬──────────┬──────┬──────────┐
│ id │ name         │ namespace   │ version │ mode    │ pid  │ uptime │    │ status │ cpu  │ mem      │ user │ watching │
│ 1  │ DuDa_Manage  │ default     │ 0.0.0   │ fork    │ 19432│ 0s   │ 0    │ online │ 0%   │ 51.5mb   │ TXY  │ disabled │
│ 0  │ www          │ default     │ 0.0.0   │ fork    │ 14448│ 39s  │ 0    │ online │ 0%   │ 43.3mb   │ TXY  │ disabled │
└────┴──────────────┴─────────────┴─────────┴─────────┴──────┴──────┴────────┴──────┴──────────┴──────┴──────────┘

C:\NodeCode_book\DuDa_Manage>
```

图 8-5　使用 PM2 启动项目

此时，在同一个服务器上启动了另一个项目，在浏览器中输入对应的端口和路径，便可以访问该项目，如图 8-6 所示。

图 8-6　访问另一个项目

若想查看服务器上所有已启动的项目，需要进入 CMD 窗口，输入命令：

```
pm2 list
```

即可查看所有的已启动的项目，如图 8-7 所示。

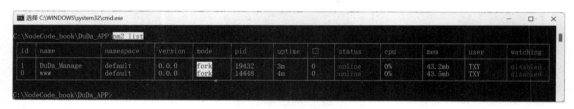

图 8-7　查看所有已启动的项目

进入 CMD 窗口，输入命令：

```
pm2 monit
```

可以显示项目的内存和 CPU 的使用情况，如图 8-8 所示。

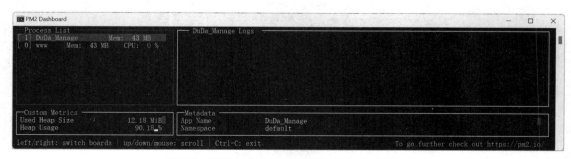

图 8-8　显示项目的内存和 CPU 的使用情况

8.3.4 使用 PM2 停止和删除项目

根据已启动项目的 id，可以使用命令停止或删除对应的项目。在当前的 CMD 窗口中输入命令：

```
pm2 stop 0
```

命令运行后，id 为 1 的项目的状态由 "online" 改为 "stopped"，此时该项目将不能被访问，如图 8-9 所示。

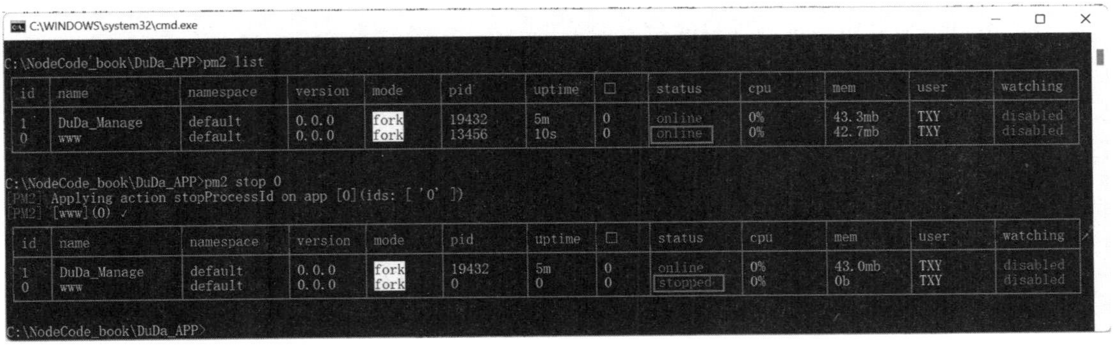

图 8-9　停止项目

使用 "PM2 delete" 删除进程，在当前的 CMD 窗口中输入命令：

```
pm2 delete 0
```

id 为 0 的项目被删除，只有 id 为 1 的项目处于在线状态，如图 8-10 所示。

图 8-10　删除项目

> **!!! 小贴士**
>
> 应用程序项目的部署和调试工作是项目开发生命周期中的重要部分，它涉及将开发完成的应用程序部署到目标环境并进行测试和调试，以确保系统能够正常运行并满足用户需求。合适的部署方式可以提高应用程序的可靠性、可扩展性和安全性，同时还可以降低应用程序的运营成本。

单元小结

本单元主要介绍了 Node.js 项目的部署，即使用 PM2 的相关命令实现项目的启动、停止和删除。通过 PM2 可以在服务器上启动多个项目，即使关闭 CMD 窗口，项目也能正常被访问，PM2 为项目的部署和调试提供了极大便利。

单元习题

一、填空题

1. PM2 是一个带有负载均衡功能的 Node.js（　　　）。
2. 安装 PM2 的命令为（　　　）。
3. 使用 PM2 启动项目的命令为（　　　）。
4. 使用 PM2 列出所有进程的命令为（　　　）。
5. 0 秒停机并重新加载项目的命令为（　　　）。

二、简答题

1. 请简述使用 PM2 与 nodemon 启动项目的区别。
2. 以一个项目为例，使用 PM2 的相关命令进行项目的启动、停止、删除等操作。

附录

一、静态页面模板

为了提高 Web 应用开发的效率和规范性，在实现动态页面之前，需要先进行静态页面模板设计，任务实践的重点：基于已有静态页面模板结构与样式，根据功能需求，基于 Node.js 实现动态数据交互，完成 Web 应用开发。

本书以一个企业门户网站为项目案例，其静态页面模板主要包含 4 个页面（见附录表-1），具体说明如下。

附录表-1　模板页面

页面名	页面功能
index.html	首页，主要显示最新发布的商品、新闻
productList.html	商品列表页，主要显示所有商品，实现分类查询商品
detail.html	商品详情页，主要显示商品的详细信息
page.html	文字类页面，主要显示公司简介、人才招聘、联系我们等栏目信息
style.css	样式文件，被 4 个静态页面引用，用来统一页面样式风格

1. index.html 完整代码

```
<!DOCTYPE html>
<html>
    <head>
        <meta charset="utf-8" />
        <title></title>
        <link rel="stylesheet" type="text/css" href="css/style.css" />
    </head>
    <body>
        <header>
            <div class="logo"><img src="images/logo.png"></div>
            <div class="topnav">
                <ul>
                    <li><a href="#">手机版</a></li>
                    <li><a href="#">收藏本站</a></li>
                </ul>
            </div>
```

```html
    </header>
    <nav>
        <ul>
            <li><a href="index.html">首页</a></li>
            <li><a href="page.html">公司简介</a></li>
            <li><a href="productList.html">产品中心</a></li>
            <li><a href="news.html">新闻中心</a></li>
            <li><a href="page.html">人才招聘</a></li>
            <li><a href="register.html">会员注册</a></li>
            <li><a href="page.html">联系我们</a></li>
        </ul>
        <!-- 首页商品列表开始，要将下列静态代码换成动态代码 -->
    </nav>
    <main>
        <div class="banner">
            <img src="images/1.jpg"><span>勇攀高峰 砥砺前行</span>
        </div>
        <div class="container">
         <!-- 产品展示 -->
        <section class="product">
            <h2>产品展示</h2><a href="#">更多产品</a>
            <ul>
              <li>
                <a href="#"><img src="images/pro-1.jpg" alt="">
                 <p>商品名 1<br><span>价格：¥99.00 元</span></p>
                </a>
              </li>
              <li>
                <a href="#"><img src="images/pro-2.jpg" alt="">
                 <p>商品名 2</br><span>价格：¥160.00 元</span></p>
                </a>
              </li>
              <li>
                <a href="#"><img src="images/pro-3.jpg" alt="">
                 <p>商品名 3<br><span>价格：¥66.00 元</span></p>
                </a>
              </li>
              <li>
                <a href="#"><img src="images/pro-4.jpg" alt="">
                 <p>商品名 4</br><span>价格：¥122.00 元</span></p>
                </a>
              </li>
              <!-- 首页商品列表结束 -->
            </ul>
```

```html
        </section>
        <!-- 产品展示结束 -->
            <!-- 新闻中心 -->
            <section class="news">
                <h2>新闻中心</h2><a href="#">更多产品</a>
                <ul>
                    <li><a href="#">新闻标题1<span>05-16</span></a></li>
                    <li><a href="">新闻标题2<span>04-08</span></a></li>
                    <li><a href="">新闻标题3<span>04-08</span></a></li>
                    <li><a href="">新闻标题4<span>04-08</span></a></li>
                    <li><a href="">新闻标题5<span>04-08</span></a></li>
                </ul>
            </section>
            <!-- 新闻中心结束 -->
            <div style="clear: both;"></div>
            <section class="gsjj">
                <h2>公司简介</h2>
                <img src="images/gsgl.png" />
        <p>都达科技股份有限公司于2010年成立于常州, 距上海2小时车程, 是一个
技术专业化、管理科学化、人员年轻化的现代化民营企业。公司主要生产和销售汽车空调配件控制阀……!
<a href="gsjj.html">查看更多</a></p>
            </section>
        </div>
    </main>
    <footer>
        <div class="footnav">
            <ul>
            <!-- 首页新闻列表开始, 要将下列静态代码 -->
                <li><a href="index.html">首页</a></li>
                <li><a href="page.html">公司简介</a></li>
                <li><a href="productList.html">产品中心</a></li>
                <li><a href="news.html">新闻中心</a></li>
                <li><a href="register.html">会员注册</a></li>
                <li><a href="page.html">联系我们</a></li>
            <!-- 首页新闻列表结束 -->
            </ul>
        </div>
        <div class="copyright">
            Copyright&copy;2019 都达科技股份有限公司 版权所有
        </div>
    </footer>
    </body>
</html>
```

2. productList.html 完整代码

```html
<!DOCTYPE html>
<html>
    <head>
        <meta charset="utf-8">
        <title></title>
        <link rel="stylesheet" type="text/css" href="/css/style.css"/>
    </head>
    <body>
        <header>
            <div class="logo"><img src="images/logo.png"></div>
            <div class="topnav">
                <ul>
                    <li><a href="#">手机版</a></li>
                    <li><a href="#">收藏本站</a></li>
                </ul>
            </div>
        </header>
        <nav>
            <ul>
                <li><a href="index.html">首页</a></li>
                <li><a href="page.html">公司简介</a></li>
                <li><a href="productList.html">产品中心</a></li>
                <li><a href="news.html">新闻中心</a></li>
                <li><a href="page.html">人才招聘</a></li>
                <li><a href="page.html">会员注册</a></li>
                <li><a href="page.html">联系我们</a></li>
            </ul>
        </nav>
        <main>
            <div class="banner">
            <img src="/images/1.jpg"><span>勇攀高峰 砥砺前行</span>
            </div>
            <div class="container">
                <aside>
                    <h2>产品服务</h2>
                    <ul>
                        <li><a href="/product?cat_id=1">汽车配件</a></li>
                        <li><a href="/product?cat_id=2">轮船配件</a></li>
                        <li><a href="/product?cat_id=3">数码产品</a></li>
                        <li><a href="/product?cat_id=4">家居用品</a></li>
                    </ul>
```

```
                </aside>
                <article class="main">
                <h2>商品列表</h2>
                <DIV id=productList>
                    <!--商品列表开始，要将下列静态代码换成动态代码-->
                    <DL  class=noMargin>
                      <DT><A href="#">
                            <IMG alt="商品名 1"  src="images/p1.jpg"></A>
                      </DT>
                      <DD>
                        <P class=name><A  href="#">商品名 1</A></P>
                        <P class=brief>商品 1 描述文字</P>
                        <P class=price>价格：¥99.00 元</P>
                      </DD>
                    </DL>
                    <DL  class=noMargin>
                      <DT><A href="#">
                            <IMG alt="商品名 2"  src="images/p2.jpg"></A>
                      </DT>
                      <DD>
                        <P class=name><A  href="#">商品名 2</A></P>
                        <P class=brief>商品 2 描述文字</P>
                        <P class=price>价格：¥128.00 元</P>
                      </DD>
                    </DL>
                    <!--商品列表结束-->
                    <DIV class=clear></DIV></DIV>
                </article>
        </div>
</main>
<footer>
    <div class="footnav">
        <ul>
            <li><a href="index.html">首页</a></li>
            <li><a href="page.html">公司简介</a></li>
            <li><a href="productList.html">产品中心</a></li>
            <li><a href="news.html">新闻中心</a></li>
            <li><a href="register.html">会员注册</a></li>
            <li><a href="page.html">联系我们</a></li>
        </ul>
    </div>
    <div class="copyright">
```

```
                    Copyright&copy;2019 都达科技股份有限公司 版权所有
            </div>
        </footer>
    </body>
</html>
```

3. detail.html 完整代码

```html
<!DOCTYPE html>
<html>
    <head>
        <meta charset="utf-8">
        <title></title>
        <link rel="stylesheet" type="text/css" href="/css/style.css"/>
    </head>
    <body>
        <header>
            <div class="logo"><img src="images/logo.png"></div>
            <div class="topnav">
                <ul>
                    <li><a href="#">手机版</a></li>
                    <li><a href="#">收藏本站</a></li>
                </ul>
            </div>
        </header>
        <nav>
            <ul>
                <li><a href="index.html">首页</a></li>
                <li><a href="page.html">公司简介</a></li>
                <li><a href="productList.html">产品中心</a></li>
                <li><a href="news.html">新闻中心</a></li>
                <li><a href="page.html">人才招聘</a></li>
                <li><a href="page.html">会员注册</a></li>
                <li><a href="page.html">联系我们</a></li>
            </ul>
        </nav>
        <main>
            <div class="banner">
            <img src="/images/1.jpg"><span>勇攀高峰 砥砺前行</span>
            </div>
            <div class="container">
                <aside>
                    <h2>产品服务</h2>
                    <ul>
                        <li><a href="/product?cat_id=1">汽车配件</a></li>
```

```
            <li><a href="/product?cat_id=2">轮船配件</a></li>
            <li><a href="/product?cat_id=3">数码产品</a></li>
            <li><a href="/product?cat_id=4">家居用品</a></li>
        </ul>
    </aside>
    <article class="main">
        <h2>商品详情</h2>
        <DIV id="detail">
          <DIV class="productImg">
                <IMG src="images/pro-1.jpg" width=300>
          </DIV>
          <DIV class="productInfo">
                <H1>商品名</H1>
                <UL>
                  <LI class=productPrice>
                      价格: <EM class=price>¥100.00 元</EM>
                  </LI>
                </UL>
          </DIV>
            <DIV class=clear></DIV>
            <DIV class="productContent">
            <H3>产品介绍</H3>
            <UL>产品介绍完整文字</UL>
          </DIV>
        </DIV>
    </article>
  </div>
</main>
<footer>
  <div class="footnav">
      <ul>
          <li><a href="index.html">首页</a></li>
          <li><a href="page.html">公司简介</a></li>
          <li><a href="productList.html">产品中心</a></li>
          <li><a href="news.html">新闻中心</a></li>
          <li><a href="register.html">会员注册</a></li>
          <li><a href="page.html">联系我们</a></li>
      </ul>
  </div>
  <div class="copyright">
      Copyright&copy;2019 都达科技股份有限公司 版权所有
  </div>
</footer>
```

```
                </body>
        </html>
```

4. page.html 完整代码

```html
<!DOCTYPE html>
<html>
    <head>
        <meta charset="utf-8">
        <title></title>
        <link rel="stylesheet" type="text/css" href="/css/style.css"/>
    </head>
    <body>
        <header>
            <div class="logo"><img src="images/logo.png"></div>
            <div class="topnav">
                <ul>
                    <li><a href="#">手机版</a></li>
                    <li><a href="#">收藏本站</a></li>
                </ul>
            </div>
        </header>
        <nav>
            <ul>
                <li><a href="index.html">首页</a></li>
                <li><a href="page.html">公司简介</a></li>
                <li><a href="productList.html">产品中心</a></li>
                <li><a href="news.html">新闻中心</a></li>
                <li><a href="page.html">人才招聘</a></li>
                <li><a href="page.html">会员注册</a></li>
                <li><a href="page.html">联系我们</a></li>
            </ul>
        </nav>
        <main>
            <div class="banner"><img src="/images/1.jpg"></div>
            <div class="container">
                <aside>
                    <h2>快捷导航</h2>
                    <ul>
                        <li><a href="/">公司简介</a></li>
                        <li><a href="#">产品中心</a></li>
                        <li><a href="#">新闻中心</a></li>
                        <li class="cur"><a href="#">联系我们</a></li>
                    </ul>
```

```
            </aside>
            <article class="main">
                <h2>公司简介</h2>
                <!-- 图文介绍，动态数据来自数据表 page -->
                    <img src="images/page.jpg" >
                    <p>都达科技股份有限公司于 2010 年成立于常州，……</p>
                <!-- 图文介绍结束  -->
            </article>
        </div>
    </main>
    <footer>
        <div class="footnav">
            <ul>
                <li><a href="index.html">首页</a></li>
                <li><a href="page.html">公司简介</a></li>
                <li><a href="productList.html">产品中心</a></li>
                <li><a href="news.html">新闻中心</a></li>
                <li><a href="register.html">会员注册</a></li>
                <li><a href="page.html">联系我们</a></li>
            </ul>
        </div>
        <div class="copyright">
            Copyright&copy;2019 都达科技股份有限公司 版权所有
        </div>
    </footer>
    </body>
</html>
```

说明：

（1）以上加粗部分代码要替换成动态代码呈现。

（2）将 html 文件转换成 ejs 模板引擎时，要注意导航超链接地址的设置。在 Express 框架中，所有页面导航的超链接地址不是原来的静态页面文件名，而是以"/"开头的 URI。例如商品页的超链接地址为"/product"。

（3）在 ejs 模板引擎中要注意 css 样式、图片等静态资源的超链接地址，这些地址通常以"/"开头，例如<link rel="stylesheet" type="text/css" href="/css/style.css"/>。

5. style.css 完整代码

```
* {
    padding: 0;
    margin: 0;
}
body {
    font-size: 14px;
```

```
.news ul li span {
    float: right;
}
.news ul li a {
    color: #000000;
    text-decoration: none;
```

```
        font-family: "微软雅黑";
    }
    a {
        text-decoration: none;
        color: #000000;
    }
    ul {
        list-style: none;
    }
    /* header 部分样式 */
    header {
        height: 60px;
        width: 1170px;
        margin: 5px auto;
    }
    .logo {
        float: left;
    }
    .topnav {
        float: right;
    }
    .topnav li {
        float: left;
    }
    .topnav li a {
        display: block;
        line-height: 60px;
        color: #000;
        padding: 0 10px;
    }
    /*导航条样式*/
    nav {
        height: 40px;
        background-color: #0072c6;
    }
    nav ul {
        width: 1170px;
        margin: auto;
    }
    nav ul li {
        width: 160px;
        float: left;
    }
    nav ul li a {
        color: #FFFFFF;
        text-decoration: none;
```

```
    }
    .news ul li a:hover {
        color: #FFA500;
    }

    /* index.html 公司简介 */
    .gsjj {
        margin: 20px 0;
    }
    .gsjj h2 {
        margin: 20px 0;
    }
    .gsjj img {
        width: 230px;
        height: 150px;
        border: #0072C6 solid 1px;
        padding: 6px;
        float: left;
        margin-right: 40px;
    }
    .gsjj p {
        text-indent: 2em;
        line-height: 40px;
        color: #666666;
        font-size: 14px;
        text-align: justify;
    }
    .gsjj p a {
        font-weight: bold;
        margin: 0 10px;
    }
    .gsjj p a:hover {
        text-decoration: underline;
    }

    /*网页底部 */
    footer {
        padding-top: 40px;
        background-color: #f6f6f6;
    }
    .footnav {
        width: 1170px;
        margin: 0 auto;
    }
    .footnav ul {
        width: 660px;
```

```css
    font-size: 16px;
    text-align: center;
    line-height: 40px;
    display: block;
}
nav ul li a:hover {
    background-color: orange;
}

/* banner */
.banner {
    height: 340px;
    width: 1170px;
    margin: 10px auto;
    position: relative;
}
.banner img {
    height: 340px;
    width: 1170px;
}
.banner span {
    font-size: 50px;
    font-weight: bolder;
    color: #0072C6;
    position: absolute;
    top: 130px;
    left: 60px;
}
.container {
    width: 1170px;
    margin: 10px auto;
}
.container::after {
    content: "";
    display: block;
    clear: both;
}

/* index.html 产品展示模块 */
.product {
    width: 725px;
    height: 280px;
    float: left;
    border-right: #D1D1D1 1px solid;
    position: relative;
}
```

```css
    height: 40px;
    margin: auto;
}
.footnav li {
    width: 109px;
    float: left;
    text-align: center;
    border-right: 1px solid #d8d8d8;
}
.footnav li:last-child {
    border-right: none;
}
.footnav li a {
    color: #888888;
}
.copyright {
    text-align: center;
    color: #888;
    padding-bottom: 40px;
    margin: 10px auto;
}

/*index.html 侧边菜单 */
.sidemenu {
    position: fixed;
    top: 50%;
    left: 5px;
    margin-top: -50px;
}
.sidemenu li {
    width: 50px;
    height: 50px;
    background-color: #999999;
    color: #FFFFFF;
    list-style: none;
    text-align: center;
    font-size: 18px;
    padding: 5px;
    border-bottom: dotted #FFFFFF
1px;
}
.sidemenu li a {
    color: #FFFFFF;
    text-decoration: none;
}
.sidemenu li:hover {
```

```css
.product h2 {
    line-height: 50px;
}
.product>a {
    position: absolute;
    right: 45px;
    top: 15px;
    width: 90px;
    text-align: center;
    line-height: 21px;
    background-color: #0072C6;
    color: #FFF;
    font-weight: normal;
}
.product li {
    float: left;
    width: 152px;
    margin-left: 18px;
    position: relative;
    list-style: none;
}
.product li img {
    width: 150px;
    height: 150px;
    border: 1px solid #E4E4E4;
}
.product li span {
    color: #CC0000;
}
.product h4 {
    position: absolute;
    top: 10px;
    right: 0;
    padding: 0 10px;
    background-color: indianred;
    color: #fff;
    font-weight: 400;
    font-style: italic;
}

/*index.html 新闻中心模块*/

.news {
    width: 400px;
    margin-left: 30px;
    float: right;
```

```css
    cursor: pointer;
    background-color: orange;
}
.gz {
    position: relative;
}
.gz img {
    position: absolute;
    top: 0;
    left: 60px;
    display: none;
}
.gz:hover img {
    display: block;
}

/*page.html*/
.main {
    width: 920px;
    background: url(../img/
gsjjbj.png) no-repeat bottom left;
    float: right;
}
.main h2 {
    font-size: 16px;
    border-bottom: 1px solid #DDD;
    line-height: 40px;
}
.main p {
    text-indent: 2em;
    line-height: 2em;
    text-align: justify;
}
.main strong {
    text-decoration: overline underline
dotted;
}
.main em {
    font-style: normal;
    color: red;
    font-weight: bold;
}
.main img {
    width: 220px;
    height: 130px;
    border: 3px double #0072C6;
    float: right;
```

```
    position: relative;                     margin-left: 40px;
}                                       }
.news h2 {
    font-size: 20px;                    /*page.html 快捷导航模块*/
    line-height: 50px;                  aside {
}                                           width: 200px;
.news>a {                                   float: left;
    position: absolute;                 }
    right: 0px;                         aside h2 {
    top: 15px;                              font-size: 16px;
    width: 90px;                            border-bottom: 1px solid #DDD;
    text-align: center;                     line-height: 40px;
    line-height: 21px;                      margin-bottom: 10px;
    background-color: #0072C6;          }
    color: #FFF;                        aside ul li {
    font-weight: normal;                    line-height: 35px;
}                                           padding-left:20px;
.news ul li {                           }
    line-height: 50px;                  aside li a {
    border-bottom: 1px dotted               color: #000;
#D1D1D1;                                    text-decoration: none;
    list-style: url(../img/            }
icon1.jpg) inside;                      .cur {
                                            background-color: #0072c6;
}                                       }
.news ul li:last-child {                .cur a {
    border: none;                           color: #fff;
}                                       }
```

二、JavaScript 语法摘要

Node.js 编程基于 JavaScript 语言实现，以下语法摘要供复习查阅，方便学习。

1. JavaScript 区分大小写

x 和 X 表示不同变量。

2. 标识符

JavaScript 里面的标识符由数字、字母、下划线（_）和$组成，不能以数字开头。

3. 注释

JavaScript 注释有两种：多行注释和单行注释。
单行注释：//注释内容。
多行注释：/*注释内容*/。

4. 关键字

所谓关键字，就是系统已经定义好了的标识符。不能使用关键字作为标识符。

所谓保留字，就是目前还没有成为关键字，但是有可能在下一个版本成为关键字的一些标识符。也不能使用保留字作为标识符。

5. 变量

JavaScript 是一门弱类型语言。变量是用于存储信息的"容器"。JavaScript 一般使用 var 关键词来声明变量。

在 JavaScript 中，变量名的命名规则如下。

- 变量以字母、下划线(_)或者美元符($)开头。
- 然后可以使用任意多个英文字母、数字、下划线(_)或者美元符($)组成。
- 不能使用 JavaScript 关键词与保留字。

注意：JavaScript 语句和 JavaScript 变量都对大小写敏感。

6. 数据类型（5 种）

JavaScript 数据类型包含两大类：值类型和引用数据类型。

值类型（基本类型）：数字（Number）、字符串（String）、布尔（Boolean）、未定义（Undefined）和空（Null）。

（1）数字（Number），数字包含整数和实数，NaN（Not a number）表示不是一个数。如果任何一个数和 NaN 进行操作的话，返回的会是 NaN。NaN 与任何值都不相等，包括它自己本身。

（2）字符串（String），字符串和任意类型数据相加，最终结果都是字符串。

（3）布尔（Boolean），布尔只有两个值：true 和 false。这两个值是区分大小写的。

（4）未定义（Undefined）：定义了一个变量但是未被赋值。

（5）空（Null）：表示一个空对象。

引用数据类型（对象类型）：对象（Object）、数组（Array）、函数（Function），还有两个特殊的对象：正则（RegExp）和日期（Date）。

7. 数值转换

数值转换函数主要有：Number()，parseInt()，parseFloat()。

（1）Number()：将一个非数字转换为数字。

- 如果是一个布尔值，要么被转换为 1，要么被转换为 0。
- 如果是 null 值，会被转换为 0。
- 如果是 undefined，会被转换为 NaN。
- 如果字符串只包含数字，那么只会被转换为十进制数。
- 如果字符串为空，将会被转换为 0。
- 如果字符串有字母，将会被转换为 NaN。
- 如果字符串是八进制数，会忽略前面的 0，若是十六进制数则会被转换为相应的十进制数。

（2）parseInt()：将一个值转换为整数。

看字符串中是否有数字，如果有就会被转换为数字；如果字符串为空，将会被转换为 NaN。

事实上，parseInt()函数提供了第二个参数，用于指定转换进制。

（3）parseFloat()：将一个值转换为浮点数。

该函数只能解析十进制数，没有第二个参数。会将带有小数点的字符串转换为小数。

8. 运算符

（1）一元运算符

自增和自减就是典型的一元运算符。

a++（a--）和++a（--a）的区别如下。

- a++：先进行运算，然后自增 1。
- ++a：先自增 1，然后进行运算。在 JavaScript 里面，自增自减不局限于数字，其他类型也可以。

（2）布尔运算符

- 非（!）：非真即假，非假即真，相当于一个取反的过程。
- 与（&&）：就是两个条件都要满足。第一个操作数为假的话，就不会对第二个操作数进行判断。与操作不一定返回的是真或者假，要看运算对象。

如果第一个操作数是 null，则返回 null；

如果第一个操作数是 NaN，则返回 NaN；

如果第一个操作数是 undefined，则返回 undefined。

- 或（||）：如果第一个操作数为真，那么就不会对第二个操作数进行判断。如果两个都为真，则返回第一个操作数。

如果都是 null，则返回 null；如果都是 NaN，则返回 NaN；如果都是 undefined，则返回 undefined。

（3）乘性运算符

乘法；除法；取模，就是取一个数的余数，用%表示。

（4）加性运算符

加法；减法。

（5）关系运算符

大于；小于；大于等于；小于等于。

（6）相等运算符

- ==和! =。

a. null 和 undefined 是相等的。

b. 如果有一个操作数是 NaN，那么返回 false，另外，NaN 也不等于本身。

c. 如果要进行数字的字符串和数字进行比较，会先将字符串转换为数字。

d. 布尔值里面的 true 转换为 1，false 转换为 0。

- ===和! ==。

数值和数据类型都必须相等才会为 true，否则为 false。

（7）条件运算符

条件运算符又被称为三元运算符或者三目运算符。

语法：变量=表达式 1 ?表达式 2:表达式 3。

（8）赋值运算符

=，代表赋值；*=；/=；+=；-=；%=。

（9）逗号运算符

使用逗号运算符可以在一条语句中执行多个操作。

9. 流程控制语句

（1）条件判读语句

① if 语句。

- if 语句：只有当指定条件为 true 时，使用该语句来执行代码。
- if...else 语句：当条件为 true 时执行代码，当条件为 false 时执行其他代码。
- if...else if....else 语句：使用该语句来选择多个代码块之一来执行。
- switch 语句：使用该语句来选择多个代码块之一来执行。

② switch 语句：一种多分支语句，一般和 case 进行搭配使用。

```
switch(n)
{
    case 1:
        执行代码块 1
        break;
    case 2:
        执行代码块 2
        break;
    default:
        与 case 1 和 case 2 不同时执行的代码
}
```

虽然 JavaScript 的 switch 语句借鉴自 C 语言，但是它也有它自身的特色。

- switch 语句可以使用任何数据类型。
- 每一个 case 的值不一定是常量，甚至是表达式也可以。

（2）循环语句

① for 循环。

```
for(语句 1; 语句 2; 语句 3)
{
    被执行的代码块
}
```

语句 1（代码块）开始前执行。

语句 2 定义运行循环（代码块）的条件。

语句 3 在循环（代码块）已被执行之后执行。

② while 循环：先判断，再执行。

```
while (条件)
{
    需要执行的代码
}
```

③ do-while 循环：不管条件是否成立，首先执行一次，然后进行判断。

```
do
{
    需要执行的代码
}
while (条件);
```

④ for-in 语句：遍历对象里面所有的属性和方法。

```
var person={fname:"Bill",lname:"Gates",age:56};

for (x in person)  // x 为属性名
{
    txt=txt + person[x];
}
```

10. 函数表达式

JavaScript 函数可以通过一个表达式定义。函数表达式可以存储在变量中。函数实际上是一个匿名函数（函数没有名称）。函数存储在变量中，不需要函数名称，通常通过变量名来调用。

```
var x = function (a, b) {return a + b};
var z = x(14, 30);
```

ES6 新增了箭头函数。箭头函数表达式的语法比普通函数表达式的更简洁。箭头函数是不能提升的，所以需要在使用之前定义。

(参数 1，参数 2，…，参数 *n*) => {函数声明}

(参数 1，参数 2，…，参数 *n*) => 表达式(单一)

相当于：**(参数 1，参数 2，…，参数 *n*) =>{ return 表达式; }**

当只有一个参数时，圆括号可写可不写：

(单一参数) => {函数声明}

单一参数 => {函数声明}

没有参数的函数应该写成一对圆括号：

() => {函数声明}

```
// ES5
var x = function(x, y) { return x * y; }

// ES6
const x = (x, y) => x * y;
```

使用 const 比使用 var 更安全，因为函数表达式始终是一个常量。

如果函数部分只是一条语句，则可以省略 return 关键字和花括号{}：

```
const x = (x, y) => { return x * y };
```

11. let 和 const

ES2015（ES6）新增加了两个重要的 JavaScript 关键字：**let** 和 **const**。

let 声明的变量只在 let 命令所在的代码块内有效。const 声明一个只读的常量，一旦声明，常量的值就不能改变。

在 ES6 之前，JavaScript 只有两种作用域：**全局变量**与**函数内的局部变量**。

（1）全局变量

在函数外声明的变量作用域是全局的：

```
var carName = "Volvo";
// 这里可以使用 carName 变量
function myFunction() {
// 这里也可以使用 carName 变量
}
```

全局变量在 JavaScript 程序的任何地方都可以被访问。

（2）局部变量

在函数内声明的变量作用域是局部的（函数内）：

```
// 这里不能使用 carName 变量
function myFunction() {
var carName = "Volvo";
// 这里可以使用 carName 变量
}
// 这里不能使用 carName 变量
```

函数内使用 var 声明的变量只能在函数内访问，如果不使用 var 则是全局变量。

（3）JavaScript 块级作用域（Block Scope）

使用 var 关键字声明的变量不具备块级作用域的特性，它在 {} 外依然能被访问到。

```
{
    var m = 2;
}
// 这里可以使用 m 变量
```

在 ES6 之前，没有块级作用域的概念。ES6 可以使用 let 关键字来实现块级作用域。

let 声明的变量只在 let 命令所在的代码块 {} 内有效，在 {} 之外不能访问。

```
{
    let m = 12;
}
// 这里不能使用 m 变量
```

三、数据库 SQL 语句

1. product：商品表

```
CREATE DATABASE DuDaInfo DEFAULT CHARACTER SET utf8;

Use DuDaInfo;

CREATE TABLE product (
id mediumint unsigned NOT NULL AUTO_INCREMENT,
```

```
name varchar(150) NOT NULL,
cat_id smallint NOT NULL DEFAULT 0,
size varchar(20),
price decimal(10,2) unsigned NOT NULL DEFAULT 0.00,
image varchar(100),
content longtext,
keywords varchar(255),
add_time date,
sort tinyint unsigned NOT NULL DEFAULT 0,
PRIMARY KEY (id)
) ENGINE=InnoDB DEFAULT CHARSET=utf8;
```

2. product_category：商品类别表

```
CREATE TABLE product_category(
  cat_id smallint NOT NULL AUTO_INCREMENT,
  cat_name varchar(255) NOT NULL DEFAULT '',
  keywords varchar(255) NOT NULL DEFAULT '',
  parent_id smallint NOT NULL DEFAULT 0,
  sort tinyint unsigned NOT NULL DEFAULT 50,
  PRIMARY KEY (cat_id)
) ENGINE=InnoDB DEFAULT CHARSET=utf8;
```

3. admin：管理员账号表

```
CREATE TABLE admin (
  user_id smallint unsigned NOT NULL AUTO_INCREMENT,
  user_name varchar(60) NOT NULL DEFAULT '',
  email varchar(60) NOT NULL DEFAULT '',
  password varchar(32) NOT NULL DEFAULT '',
  action_list text NOT NULL,
  add_time int(11) NOT NULL,
  last_login int(11) NOT NULL DEFAULT 0,
  last_ip varchar(15) NOT NULL DEFAULT '',
  PRIMARY KEY (user_id)
) ENGINE=InnoDB DEFAULT CHARSET=utf8;
```

4. page：文字页面表

```
CREATE TABLE page (
  id mediumint unsigned NOT NULL AUTO_INCREMENT,
  unique_id varchar(30) NOT NULL DEFAULT '',
  parent_id smallint(5) NOT NULL DEFAULT 0,
  page_name varchar(150) NOT NULL DEFAULT '',
  content longtext NOT NULL,
  keywords varchar(255) NOT NULL DEFAULT '',
  description varchar(255) NOT NULL DEFAULT '',
  PRIMARY KEY (id)
) ENGINE=InnoDB AUTO_INCREMENT=7 DEFAULT CHARSET=utf8;
```

5. news：新闻表

```
CREATE TABLE news (
```

```
  id mediumint(8) unsigned NOT NULL AUTO_INCREMENT,
  cat_id smallint(5) NOT NULL DEFAULT 0,
  title varchar(150) NOT NULL DEFAULT '',
  defined text NOT NULL,
  content longtext NOT NULL,
  image varchar(255) NOT NULL DEFAULT '',
  click smallint unsigned NOT NULL DEFAULT 0,
  keywords varchar(50) DEFAULT NULL,
  description varchar(255) NOT NULL DEFAULT '',
  add_time date DEFAULT NULL,
  sort tinyint unsigned NOT NULL DEFAULT 0,
  PRIMARY KEY (id)
) ENGINE=InnoDB DEFAULT CHARSET=utf8;
```

6. news_category：新闻类别表

```
CREATE TABLE news_category (
  cat_id smallint NOT NULL AUTO_INCREMENT,
  unique_id varchar(30) NOT NULL DEFAULT '',
  cat_name varchar(255) NOT NULL DEFAULT '',
  keywords varchar(255) NOT NULL DEFAULT '',
  description varchar(255) NOT NULL DEFAULT '',
  parent_id smallint NOT NULL DEFAULT 0,
  PRIMARY KEY (cat_id)
) ENGINE=InnoDB DEFAULT CHARSET=utf8;
```

7. config：站点信息配置表

```
CREATE TABLE config (
  name varchar(80) NOT NULL,
  value text NOT NULL,
  Type varchar(10) NOT NULL,
  sort tinyint unsigned NOT NULL DEFAULT 1
) ENGINE=InnoDB DEFAULT CHARSET=utf8;
```